稻田抗药性杂草

吴明根　李延子　主编

中国农业出版社

编 著 人 员

主　编　吴明根　李延子
副主编　傅民杰　刘海峰　刘亮　吴松权
参　编　（按姓氏拼音排序）

曹凤秋　崔香仙　傅民杰　具红光　郎　红
李海粟　李　俭　李任植　李延子　刘海峰
刘洪亮　刘　亮　刘　秀　单国侠　王丽丽
王　亮　王　爽　吴明根　吴松权　徐　凤
杨德亮　杨　杰

前　言

　　化学除草剂的普及大大减轻了杂草危害造成的作物产量损失，提高了经济效益，减轻了种地的劳动强度，提高了劳动效率。然而不知何时开始，出现了在同一稻田、使用同一除草剂，打不死同一种类杂草的"怪象"。种稻户怀疑除草剂的商品质量，而除草剂厂家、销售点怀疑种稻户的使用技术不过关，甚至出现"打官司"的纠纷。针对"怪象"，延边大学杂草抗药性研究团队从1999年开始普查东北稻区稻田问题杂草种类及其发生现状。发现随着农村劳动力的城市转移、土壤耕作制度的变更以及对化学除草剂依赖程度的提高，东北稻区稻田杂草种类及群落结构发生了变化，杂草防控难度逐年增加，甚至出现草害而"水改旱"的种稻户。当前控草难的突出表现概括起来为以下3个方面。一是抗药性杂草发生趋势严峻。不仅多种杂草产生抗药性突变、抗药突变生态型出现的频度加快，而且存在交叉抗除草剂生态型，使不少稻区抗药生态型杂草已成为稻田的优势杂草种。二是难防杂草的扩散、蔓延趋势严峻。由于抗药性杂草种多数为异花授粉植物、多结实性，客观上具备了扩散快、蔓延重的条件。同时，机械化收割的普及，给包括抗药生态型杂草、外来入侵杂草等

难防杂草种类的快速、长距离移动提供了途径。三是除草剂药害成为作物增产的制约因素。伴随着稻田杂草防除难度的加大，种稻户的除草剂使用剂量也增加、不合理使用的机会增多，导致除草剂药害发生的概率增加。作物的多数药害是属于隐性药害，普查中发现不少稻田虽然外观形态上不易观察到药害症状，但可以看出分蘖少、生长压抑等隐形药害症状。总之，除草剂打不死杂草的"怪象"既不是厂家的问题，也不是种稻户的问题，而是杂草产生抗药突变的结果。

近15年来，延边大学杂草抗药性研究课题组得到国家自然科学基金委的项目（慈姑抗磺酰脲类除草剂突变机理及其防除技术研究，东北稻区杂草稻种子自然死亡机制及其致死措施，杂草抗药突变型ALS与其抑制剂相互作用的分子机理）、吉林省世行办的项目（吉林省稻田抗药性杂草灾情预警与安全防控技术集成示范）等支持，得到吉林省农业科学院水稻研究所、吉林市农业科学院水稻研究所等各级农业科学技术单位的支持，对此一并致以衷心的感谢。

本书的编写是在历届课题组全体成员参与的研究报告基础上完成的。由于实地调查范围广、调研内容有所创新，加上编者水平所限，书中难免出现一些疏漏和不妥之处，敬请读者谅解和批评指正。

编　者

2015年11月

目　录

前言

第一部分　稻田杂草抗药性突变特征及其防除原理

一、农田杂草群落变化特征

"杂草"虽然是一种宝贵的植物资源，但因其在错误的时间、错误的地点出现，让其成为了农田防除的对象。自古以来农民就恨杂草，投入大量的劳力、财力进行防除。如果任由杂草生长，因杂草生长势和环境适应能力强，在与作物竞争养分、光照、水分等方面总是占据优势地位，导致作物减产。此外，有些杂草类具有异株克生的作用（化感作用），可严重阻碍周围农作物的生长发育。杂草群落的茂盛也易成为害虫、病菌的寄生和传播源。据分析资料表明，全球每年农作物受病虫草害引起的粮食减产可达 20％以上，其中，受草害引起的减产损失超过 10％，我国每年农作物受草害引起的作物减产损失也达 5％～10％。

杂草竞争力强的特点概括起来包括以下几个方面：①多数杂草是 C_4 型植物，光合作用效率高，生长速度快，吸收养分、水分能力大于作物。②杂草生殖能力强。大多数杂草既能进行种子繁殖，又能进行营养繁殖，而且种子的繁殖系数特别高，有些杂草种一株可结几万粒种子。③抗逆性强，适应于多变不良环境。④扩散能力强，扩散途径多样化。⑤种子具有很强的休眠特性，在土壤中寿命长。

地球上 20 多万种的高等植物中，影响农作物生长发育的杂草大约有 200 种，其中危害农作物产量的只有几十种。它们只分布在少数 12 个科中。其中属于禾本科、菊科、莎草科的杂草占全部杂草的 43%。

不同的杂草对农作物的危害程度不一样。一般发生在农田且对作物生长发育及农业生产有害的植物称为农田杂草。农田杂草当中，发生数量多，竞争能力强，对农作物产生较大危害的杂草种类称为问题杂草。在问题杂草当中，对农作物产量危害大且难以防除的杂草种类称为恶性杂草。一般在农田杂草群落中，发生数量多，竞争能力强，具有统治其他种的杂草种称为优势种。

在农田中，问题杂草、恶性杂草或优势杂草种并不是固定不变的，而是受栽培作物的种类、土壤耕翻方法、施肥技术、除草技术等人类采取的农艺措施的影响而发生变化。也许现在人类食用的作物或不引起注意的植物，将来也可能转变成难以控制的杂草，现在难以防除的杂草将来也可能转变为有用的植物资源或者是作物，或者是次要的杂草。例如，目前难以防除的杂草——野燕麦曾经一度被作为粮食作物和饲料作物加以利用过。尤为值得注意的是农田杂草种类随着农业耕作方法的变化也发生很大变化。人类在 19 世纪以前，作物播种时采取散播形式而除草方法采取人工手段，在这样的条件下，与作物类似的相似性杂草种类中，多年生营养繁殖、深根系、多粒型杂草种类成为农田的优势种；进入 19 世纪后，在农田已开始使用肥料，随着施肥量的增加，农田耐肥性杂草占据优势；而人类应用除草剂防除农田杂草的 21 世纪的今天，对除草剂表现出耐药性或抗药性的杂草已成为难已对付的优势杂草种类。近几十年来，在水田中占优势的杂草种类也有较大的变化。20 世纪的 50 年代利用 2,4-D 类除草剂防除稻田杂草的结果，有效地控制了双子叶杂草，但却使稗草上升为优势种。60 年代开始推广应用多种有效的除稗剂已控制了稻田中的稗草，但又使某些多年生杂草有所扩展，80 年代开始，磺酰脲类除草剂的推广，虽然有效控制住了莎草科及某些多年生阔叶杂草，但长期连用农得时、草克星使得对磺酰脲类除草剂农得时、草克星产生抗性突变的雨久花、慈姑、蘸草等逐步成为某些稻田的优势种。另外，到 20 世纪 90 年代初期为止，水稻生产上通过酰胺类除草剂的土壤封闭技术有效地控制了稻田稗草类的发生。但进入 90 年代后期，很多稻区开始出现仅靠酰胺类除草剂土壤封闭技术难以有效控制的稻田稗草类，因此出现了二氯喹啉酸等中后期再进行稻田茎叶处理控草措施。进入 21 世纪后，长期依赖二氯喹啉酸茎叶处理控制稗草的农田迅速出现抗二氯喹啉酸的稗草生态型。近几年针对抗二氯喹啉酸稗草生态型改用千金（芳氧苯氧基丙酸类除草剂）或稻杰（三唑并嘧啶磺酰胺类）后，有效地控制了稻田稗草等禾本科杂草类，但一些稻区又开始出现千金、稻杰杀不死的稗草类。

化学除草剂的问世，解决了作物生产过程中最劳累的难题。由于化学除草剂具有化学除草效率高，省工、省力、成本低，适合于机械化规模经营等特点，因此深受生产者的青睐。但除草剂毕竟是属于农药类的一种，也具有污染环境、食品残留等问题。目前随着转基因生物技术的发展，大量开发、种植抗除草剂转基因作物品种，使化学除草技术进一步向高效、低成本的灭生性除草剂使用发展。值得一提的是，即使人类发明抗除草剂作物品种，但同样某一种除草剂长期连用，仍会诱导杂草对该除草剂的抗药突变生态型产生。因此，人类与杂草的"战争"也会长期持续下去。另外，抗病、抗虫育种技术的进步，大大降低了杀虫剂、杀菌剂的使用量。目前为止，利用他感作用原理（化感作用）的抗草作物品种育种技术方面，虽然已探明他感作用植物中分泌抑制周围其他植物生长的几种化合物，并正在进行这些物质的代谢途径及其基因定位等研究，甚至有些控制他感作用合成代谢的基因通过转基因技术转入到作物品种当中，但实际生产上推广利用具有他感作用的作物品种还处于探索阶段。因此，在目前的世界农药类市场份额当中，除草剂销售额超过杀虫剂、杀菌剂和生长调节剂，占第一位。

目前，随着农产品贸易国际化的发展，外来入侵的杂草种类剧增。不仅是国外的，而且是异地的、原来本地区没有的杂草种成为新的问题杂草。如吉林省延边地区 20 世纪 70 年之前成为检疫对象的狼巴草、美国狼巴草，已经成为本地区稻田水渠中的优势种杂草种之一。

外来入侵杂草种能够迅速成为问题杂草的主要机理认为，外来草种不仅缺少天敌物种，而且一些物种本身含有独特的"化感"成分，当这些物种的个体分泌出化感物质，抑制了周围原有的植物种类时，即形成群落单一、物种优势的农田或荒野的优势杂草种。

二、化学除草剂作用原理

（一）除草剂的杀草作用

除草剂的杀草作用（药效）指的是除草剂干扰、破坏杂草正常的生理生化作用。不同类型除草剂具有不同的作用机制。一般除草剂的作用机理概括为：①干扰植物正常的光合作用过程。②抑制植物正常的呼吸作用过程。③抑制植物体内核酸、蛋白质、脂肪等合成。④抑制植物正常的生长发育。⑤干扰植物体内内源激素的平衡。⑥阻碍植物色素的形成和破坏植物色素。不同结构种类除草剂的作用点（或靶标）是往往不同的，但也有不同结构种类除草剂的靶标是一样的，如乙酰乳酸合成酶（ALS）抑制剂有多种不同结构类型。除草剂的结构种类不同，其靶标数目也会不同。

（二）除草剂的选择性

除了灭生性除草剂（对所有植物均产生毒性作用的除草剂类）以外，其他除草剂对某个作物都有一定的安全使用剂量范围，这种除草剂对作物的安全特性称为除草剂选择性。除草剂对某一作物的选择性系数越大,其对该作物的安全系数就越大,反过来也称之为作物(或杂草)的耐药性。但除草剂的选择性范围越广,其杀草谱会变窄,降低杂草综合防除效果。而灭生性除草剂无选择性,所以其杀草谱很广,也叫灭生性(非选择性)除草剂。

除草剂的选择性是主要靠作物和杂草的不同形态、生态、生理和生化特性而产生的。除草剂的结构种类、作用机理不同,其选择性机理也不同。随着除草剂研发水平的提高,目前很多高效除草剂的选择性系数也非常大,而且选择性机理从生态选择性、植物形态选择性为主转向植物生理选择性、生物化学方面的选择性(包括:除草剂在植物体内钝化反应的差异而产生的选择性和除草剂在植物体内活化反应的差异而产生的选择性)、植物体内同工异构酶的选择性、利用解毒物质而获得选择性以及复合选择性发展。

(三)影响除草剂药效、药害的环境因素

正因为某一种除草剂具有自己独特的作用机制和选择性,因此要充分发挥除草剂的药效达到除草而安全两个目的,必须做好:

(1)依据作物种类(或亚种)和杂草发生特点,选好除草剂品种。

(2)因地制宜,选好除草剂施用适期,包括作物不同时期的耐药性差异、温度条件、土壤湿度条件、天气特征、杂草发生特征等。

(3)稻田必须做到平整。

属于下列条件时,做到"五不施":①有露水不施;②土壤过干过湿不施;③水层过深过浅不施;④喷雾时降雨刮风天不施;⑤渗漏性大的稻田不采用土壤封闭处理方法。凡是低温、过湿等对植物生长不利的环境条件,不仅降低除草剂药效,而且易

引发除草剂药害。

另外，为了扩大杀草谱、提高药效，在经济上减少用药量而降低成本，在实际应用中，往往将两种或两种以上的除草剂进行混合施用。但是并非所有的除草剂都能混用，要根据除草剂的性能、作物的敏感性以及环境条件等，采取适当的混配组合。一般多数除草剂之间或除草剂与其他农药混用，会导致拮抗效应，造成药效下降。因此，必须在已鉴定除草剂混合效果分析而认可的基础上，才能混用。

三、我国农田抗药性杂草发生现状

大量化学除草剂的高频率重复使用，导致杂草对除草剂产生了抗药性。抗药性杂草种群（抗药性生态型）在全球迅速出现和蔓延，给以化学防除为主体的杂草管理措施提出了新的课题。据国际官方公布，到 2014 年为止，全世界 59 个国家发现 200 多种、400 多个抗除草剂生态型杂草。其中，抗乙酰乳酸合成酶（Acetolactate Synthase，以下简称 ALS）为靶标的除草剂的生态型为 100 多种，突变频率最高。杂草抗药性突变已成为农田杂草防除领域的新的课题。

近几年，我国稻田、小麦田陆续出现抗药性杂草突变型。稻田抗药性杂草种类主要有稗草、雨久花、慈姑等；小麦田抗药性杂草主要有日本看麦娘、婆娘蒿等。地多人稀、除草剂使用剂量大的东北稻区抗药性杂草突变出现频度高于南方稻区。东北稻区慈姑、雨久花、藨草、牛毛毡等原对磺酰脲类除草剂极敏感的杂草和对二氯喹啉酸、芳氧苯氧基丙酸类除草剂敏感的稗草发生密度急剧增加，逐步成为本地区稻田的优势杂草种，造成草害减产、增加除草剂使用量和除草成本、加大除草剂污染程度等问题，严重影响水稻安全生产。甚至近几年引发"假劣除草剂"纠纷事件增多趋势，农户反映施药农田杂草不死的"怪象"，农民误认为买的是假药，而技术员误认为是施药技术上有错，其实很可能是杂草抗药性突变的原因。

因此，研究、普及杂草 ALS 抗药性突变机理、抗药性 ALS 遗传信息、抗药性 ALS 同工异构酶抗药性特征，探明杂草抗药性遗传规律和后代扩繁、扩散规律，了解抗药性特征（抗药系数、交叉抗性特点等）的变化特点以及研究抗药性杂草鉴别方法，为今后治理农田抗药性杂草和作物生产提供安全、有效的杂草防除技术具有重要意义。针对吉林省主要稻区发生的抗药性杂草鉴定难、蔓延快、灾情重以及过量、重复施药等问题，本课题组采用灾情预警系统指标"对症下药"，有效控制抗药性杂草的同时，达到水稻安全优质生产的目的和减轻农药污染的问题。

四、抗药性杂草特征

（一）除草剂抗性与耐性定义

抗药性（Herbicide resistance）：是指长期、大量使用除草剂的选择压或人为的诱导、遗传操作条件下，一种植物生物型在对野生型致死剂量处理下，能生存繁殖的可遗传能力。

耐药性（Herbicide tolerance）：是指一种植物天然耐受除草剂毒性的可遗传能力（对某一种除草剂不敏感——具有选择性）。

（二）抗药性类型

单一抗药性：是指一种除草剂的选择压下，一种植物仅对该种除草剂具有抗性的现象。

交叉抗药性：是指一种除草剂的选择压下，一种植物不仅对该种除草剂具有抗性，而且对其他种除草剂也产生抗性现象。

复合抗药性：是指多种除草剂的选择压下，一种植物对两种以上除草剂产生抗性现象。

五、杂草抗药性突变

（一）杂草抗除草剂的突变机理

除草剂的作用机理和选择性机理有多种。一切阻碍除草剂的正常作用机理和提高选择性功能的突变，都会提高杂草的抗药性能。因此，杂草抗药性突变机理也有多样性。

杂草的抗除草剂机理根据其作用点分为两大类型——靶标抗性和非靶标抗性。

靶标抗性：杂草体内除草剂作用位点的改变（如产生同工异构酶）、靶标（特定酶）的过量表达或活性增加而阻碍、削弱除草剂正常作用的杂草抗药性突变。

非靶标抗性：杂草通过对除草剂的代谢解毒能力增强、传导能力降低或作用点的隔离、屏蔽作用增强等产生的抗药性突变。

与非靶标突变型相比，靶标突变型抗性系数大但抗性范围相对狭窄。目前对靶标抗性的突变机理研究较为深入，而非靶标抗性突变机理尚不清楚。凡是一切阻碍除草剂的正常作用机理和提高选择性功能的因数，都会导致杂草的抗药性突变。

（二）杂草产生抗药性原因

一是与杂草种群内存在遗传差异相关。这种不同植物种群、种群内个体之间抗药或耐药性遗传差异是本身存在的或可以突变的。自然突变或人为突变、抗药性突变的前提是不丧失其功能条件下的突变。因此，抗药性基因突变（或靶标酶突变）是有特定突变位的。非特定位的随机性突变会导致其正常功能的丧失而突变个体无法生存或者是与除草剂作用点无关的突变。同时，与抗性基因遗传特征如抗药性基因数量、显隐性等特征相关。基因突变位点的不同而突变频率也不同，即使同一基因位点但不同杂草种类的突变频率也不尽相同。与除草剂作用相关的靶标位点的替代残基种类也影响抗药性系数和抗药性范围的大小。如：ALS 氨基酸残基替代的突变类型中，理化性质、分子大小差异大的不同种类氨基酸的替换会导致高抗和广抗。

二是与杂草的生理生化特性和生物学特性相关。一般对除草剂反应敏感的、多结实性的、异花授粉的、多途径易扩散等特性的杂草种类易发生抗药突变性生态型。

三是与除草剂特性相关。一般高效性的、残效期长的、单一靶标的除草剂易导致（或易出现）杂草抗药突变性生态型。

四是与除草剂使用方法相关。单一除草剂的长期、过量、连续使用会提高杂草生存环境的除草剂选择压，导致加快非抗性生态型死亡的同时缩短了抗性生态型个体的出现时间，增加抗性种群数量密度。

抗除草剂生态型杂草的产生是不是除草剂诱导突变的问题目前一直存在争议。有人认为除草剂并不是引发抗药性的突变物质，基因突变是自然的。但抗药性杂草的问世又与除草剂的使用密切相关。可以断定的是除草剂的选择压缩短和促进了抗药性杂草个体出现的时间表和数量。

从目前 200 多种抗药性突变的杂草种类及其抗药种类分析来看，不同杂草种类突变成抗药性生态型的概率和不同种类除草剂诱发杂草抗药性的概率是不同的。一般多粒型、对除草剂敏感性的杂草种类易突变成抗药生态型；药效高、作用靶标单一的除草剂易诱发抗药性杂草生态型，所以在农田出现的抗药性生态型杂草是除草剂和杂草共同作用的结果。

（三）抗药突变型杂草发生的稻田特征

一般施药后杂草不死会联想到除草剂失效或使用技术不当等问题。如果除草剂正确施用后多种杂草被控制但仍出现 1～2 个杂草种，且发生的杂草种过去是对该除草剂很敏感且易控制时，很可能这类稻田发生了抗药性杂草生态型。由于杂草抗性系数（抗性强度）不同，有时出现部分个体死亡现象，这时要区分好抗性与耐性杂草之分（彩图 1 至彩图 20）。

（四）稻田抗磺酰脲类除草剂生态型杂草鉴别

防除抗药性杂草并不难，关键在于正确鉴别抗药性生态型及其抗性特征。抗药性杂草鉴别方法与技术手段较多，包括分子水平的鉴定、室内鉴定和室外田间鉴定等。通过鉴别效果及其技术难度分析，田间杂草发生后按推荐剂量的 3 倍剂量直接茎叶处理后，定期观察杂草是否出新叶或死亡症状等方法认为是最经济、简易、有效地鉴别方法之一。

（五）抗磺酰脲类除草剂慈姑、雨久花生态型鉴定

在实际生产管理中，发现部分稻田发生的慈姑在农得时 3 倍标准剂量 [50g（a.i.）/hm²] 处理下仍然不死的现象。对此，在稻田进行了重量法的抗磺酰脲类除草剂农得时、草克星的抗性鉴定。结果表明，在抑制 50% 慈姑生长量的除草剂剂量水平下，抗药性慈姑对农得时的抗性系数（R_{50}/S_{50}）值（即除草剂倍数）为 8.5，对草克星的抗性系数（R_{50}/S_{50}）值为 10.9（表 1），并对农得时和草克星产生了交叉抗性。这种对磺酰脲类除草剂农得时、草克星毒性表现不敏感的慈姑确定为抗药性生态型。

表 1　抗、感性慈姑的抗性系数

杂草	除草剂	毒力回归方程	R^2	ED_{50} [g（a.i.）/hm²]	抗性系数
慈姑（抗药性）	农得时	$y=0.8132x+3.5215$	0.8827	35.0	8.5
慈姑（敏感性）	农得时	$y=1.9421x+3.8104$	0.9889	4.1	
慈姑（抗药性）	草克星	$y=1.0932x+3.5604$	0.9855	20.7	10.9
慈姑（敏感性）	草克星	$y=3.2986x+4.1224$	0.8490	1.9	

采用 Invitro（体外法）方法，测定抗药性和敏感性慈姑、雨久花乙酰乳酸合成酶对除草剂苄嘧磺隆（农得时）、吡嘧磺隆（草克星）的抗性系数，结果抗性慈姑乙酰乳酸合成酶对苄嘧磺隆的抗性增加 50 多倍，对吡嘧磺隆的抗性增加 20 多倍（表2）；抗性雨久花乙酰乳酸合成酶对苄嘧磺隆的抗性增加 90 多倍，对吡嘧磺隆的抗性增加 80 多倍（表3）。

表2　除草剂浓度与 ALS 活性抑制效果的关系

除草剂	生态型	毒力回归方程	R^2	抑制50%浓度 (nmol/L)	抗药性系数 (RI_{50}/SI_{50})
苄嘧磺隆	慈姑 (抗药性)	$y=-12.599x+101.23$	0.9917	11642.0	57.3
	慈姑 (敏感性)	$y=-22.648x+102.27$	0.9863	203.2	
吡嘧磺隆	慈姑 (抗药性)	$y=-13.798x+97.613$	0.9784	2818.0	20.0
	慈姑 (敏感性)	$y=-21.018x+95.163$	0.9658	140.9	

注：R：Resistant（抗性）S：Susceptive（感性）

表3　除草剂浓度与 ALS 活性抑制效果关系

除草剂	杂草生态型	毒力回归方程	R^2	抑制50%浓度 (nmol/L)	抗药性系数 (RI_{50}/SI_{50})
苄嘧磺隆	雨久花 (抗药性)	$y=-11.558x+100.90$	0.9858	25344.06	90.6
	雨久花 (敏感性)	$y=-20.439x+100.01$	0.9888	279.76	
吡嘧磺隆	雨久花 (抗药性)	$y=-9.8577x+101.81$	0.9920	180214.57	86.5
	雨久花 (敏感性)	$y=-15.827x+102.53$	0.9830	2084.55	

慈姑抗药性突变是由于本地区稻田长期连用农得时而引起

的。由于农得时与草克星是同属磺酰脲类除草剂，因此很容易产生交叉抗性。不过作为乙酰乳酸合成酶靶标的抑制剂种类及其品种较多，是不是对不同种类的乙酰乳酸合成酶靶标的抑制剂同样产生交叉抗性？不能一概而论，只能通过试验验证才能定论。目前为止能够证明的是，乙酰乳酸合成酶的控制基因突变位点及其碱基种类不同（准确地说乙酰乳酸合成酶排序中氨基酸种类不同）而其抗性表现特征也不同。一般常见的乙酰乳酸合成酶的控制基因突变位点大约有 5 处，处于乙酰乳酸合成酶活性中心（高度保守区），基因突变位点相对应的乙酰乳酸合成酶氨基酸分别为第 122 位丙氨酸、197 位脯氨酸、205 位丙氨酸、574 位色氨酸、653 位丝氨酸，这些位点的氨基酸被其他种类氨基酸取代时，也许与除草剂的结合力下降而导致除草剂丧失对该酶活性的抑制作用，从而使亮氨酸、异亮氨酸、缬氨酸 3 种必需氨基酸的合成代谢正常进行，而除草剂丧失了抗性杂草靶标酶的毒性作用。大量的试验结果表明，乙酰乳酸合成酶氨基酸突变位点及其取代种类决定杂草抗性强度与交叉抗性特征，但这种突变特点与抗性表现特征是否有一定的规律性，需要进一步深入研究。

延边大学杂草抗药性研究课题组对延边稻区发生的抗药生态型慈姑 ALS 基因及其氨基酸全序列排序分析结果表明，抗药性突变发生位点分别是 ALS 氨基酸第 9 位和第 324 位。认为第 324 位氨基酸突变导致了抗药性，即极性不带电氨基酸（Thr）突变成非极性氨基酸（Ala），亲水性氨基酸突变成疏水性氨基酸（表4）。慈姑 ALS 氨基酸排序和其他植物的同源性约 80%，而与日本自生的慈姑 ALS 同源性达到 100%，与日本矮慈姑的相似性为 98%，说明慈姑变种之间 ALS 基因非常稳定。同样，植物同属之间的 ALS 氨基酸一级结构保持很高的同源性和具有稳定的保守区。这对未知植物类特异引物设计提供了极便利的条件。

表 4　抗、感性慈姑与其他植物 ALS 氨基酸的多重比较

物种	序列	位置
Arabidopsis thaliana	------MAAATTTTTSSSISFSTKPS-PSSSKSPLP1SRFSLPFSLN---PNKSSSSS-RRRGIKSSSP-SSISAVLNT	68
R（China）	MAAPYATAAAAAAATATKLPFPSPAGSAAASTVSASSTSLYRPLRRHREFAGRKHPLPVVPMPLKTSALRHHLPVFAAL	80
S（China）	MAAPYATAAAAAAATATKLPFTSPAGSAAASTVSASSTSLYRPLRRHREFAGRKHPLPVVPMPLKTSALRHHLPVFAAL	80
Sagittaria pygmaea	MAAPYATAAAAAAATATKLTFPSLAGSAAASTVSASSTSLYLPLRRHREFAGRKHPLPVVPMPLKASALRHHLPVFAAL	80
Sagittaria trifolia	MAAPYATAAAAAAATATKLPFTSPAGSAAASTVSASSTSLYRPLRRHREFAGRKHPLPVVPMPLKTSALRHHLPVFAAL	80
Amaranthus retroflexus	------MASTSSNPPFSS-FTKPNKIPNLQSSIYAIPFSNSLKPTSSS----SILR----RPLQ1SSSSS-QSP-KPKPP	63
Helianthus annuus	------MAPP-NPSIS--FKPPSPAALPPRSAFLPR--FALPITST----TQKR----HRLHISNVLS-DS---KST	56
Gossypium hirsutum	------MAAATSNSALP---KLSTLTSSFKSS---IP1SKSSLPFSTT----PQKPTPY--RSFDVSCSLS-HASSNPRSA	62
Raphanus raphanistrum	------	1
Arabidopsis thaliana	TTNVTTTPSPTKPTKPET---FISRFAPDQPRKGADILVEALERQGVETVFAYPGGASMEIHQALTRSSSTRNVLPRHEQG	146
R	SDSSKPQAAATSTTTTVTERLIRNFGPDEPRKGADILVEALEREGVKDVFAYPGGASMEIHQALTRSPSIVNHLFRHEQG	160
S	SDSSKPQAAATSTTTTVTERLIRNFGPDEPRKGADILVEALEREGVKDVFAYPGGASMEIHQALTRSPSIVNHLFRHEQG	160
Sagittaria pygmaea	SDSPKPQAAATSTTTTITERLIRNFGPDEPRKGADILVEALEREGVKDVFAYPGGASMEIHQALTRSPSIVNHLFRHEQG	160
Sagittaria trifolia	SDSSKPQAAATSTTTTVTERLIRNFGPDEPRKGADILVEALEREGVKDVFAYPGGASMEIHQALTRSPSIVNHLFRHEQG	160
Amaranthus retroflexus	SATITQSPDSSLTDDKPSS---FVSRFSPEEPRKGCDVLVEALEREGVTDVFAYPGGASMEIHQALTRSNIIRNVLPRHEQG	141
Helianthus annuus	TTTTTTQPP---LQAQP--FVSRYAPDQPRKGADVLVEALEREGVKDVFAYPGGASMEIHQALTRSKIIRNVLPRHEQG	130
Gossypium hirsutum	AASVTQKTAP---PHY--FISRYADDEPRKGADILVEALEREGVKDVFAYPGGASMEIHQALTRSKITRNVLPRHEQG	135
Raphanus raphanistrum	---T--FVSRYAPDEPRKGADILVEALERQGVETVFAYPGGASMEIHQALTRSSTIRNVLPRHEQG	61

（续）

Raphanus raphanistrum	GWFAAEGYARSSGKPGICIATSGPGATNLVSGLADALLDSVPLVAITGQYFQETPIVEVTRSITKHNYLVM	226
R	EIFAAEGYARATGRPGVCIATSGPGATNLVSGLADALLDSTPLVAITGQYPRRMIGTDAFQETPIVEVTRSITKHNYLVL	240
S	EIFAAEGYARATGRPGVCIATSGPGATNLVSGLADALLDSTPLVAITGQYPRRMIGTDAFQETPIVEVTRSITKHNYLVL	240
Sagittaria pygmaea	EIFAAEGYARATGRPGVCIATSGPGATNLVSGLADALLDSTPLVAITGQYPRRMIGTDAFQETPIVEVTRSITKHNYLVL	240
Sagittaria trifolia	EIFAAEGYARATGRPGVCIATSGPGATNLVSGLADALLDSTPLVAITGQYPRRMIGTDAFQETPIVEVTRSITKHNYLVL	240
Amaranthus retroflexus	GWFAAEGYARATGRVGVCIATSGPGATNLVSGLADALLDSVPLVAITGQYPRRMIGTDAFQETPIVEVTRSITKHNYLVL	221
Helianthus annuus	GWFAAEGYARASGLPGVCIATSGPGATNLVSGLADALLDSVPLVAITGQYPRRMIGTDAFQETPIVEVTRSITKHNYLVL	210
Gossypium hirsutum	GWFAAEGYARSSGISGVCIATSGPGATNLVSGLADAMLDSIPLVAITGQYPRRMIGTDAFQETPIVEVTRSITKHNYLVL	215
Raphanus raphanistrum	GWFAAEGYARSSGKPGICIATSGPGATNLSVPLVAITGQYPRRMIGTDAFQETPIVEVTRSITKHNYLVM	141

Raphanus raphanistrum	DVEDIPRIIEEAFFLATSGRPGPVLVDVPKDIQQQLAIPNWEQAMRLPGYMSRMPKPPE----DSHLEQIVRLISESKKP	302
R	SVDDIPRIVHEAFYLATSGRPGPVLIDIPKDIQQQLAIPEWRTMKLHGYMSRLPKPPQ----QSQLEQIVRLLLESRKP	316
S	SVDDIPRIVHEAFYLATSGRPGPVLIDIPKDIQQQLAIPEWRTMKLHGYMSRLPKPPQ----QSQLEQIVRLLLESRKP	316
Sagittaria pygmaea	SVDDIPRIVHEAFYLATSGRPGPVLIDIPKDIQQQLAIPEWRTMKLHGYMSRLPKPPQ----QSHLEQIVRLLESRKP	316
Sagittaria trifolia	SVDDIPRIVHEAFYLATSGRPGPVLIDIPKDIQQQLAIPEWRTMKLHGYMSRLPKPPQ----QSQLEQIVRLLLESRKP	316
Amaranthus retroflexus	DVEDIPRIVKEAFFLANSGRPGPVLIDIPKDIQQQLVVPNWEQPIKLGGYLSRLPKPTYSANEEGLLDQIVRLVGESKRP	301
Helianthus annuus	DVEDIPRIVREAFYLASSGRPGPVLIDIPKDIQQQLVVPKWDEPMRLPGYLSRMPKPQY----DGHLEQIVRLVGEAKRP	286
Gossypium hirsutum	DVDDIPRIVSEAFFLASSGRPGPVLIDIPKDIQQQLAVPKWNHSLRLPGYLSRLPKPA-----EAHLEQIVRLVSESKKP	291
Raphanus raphanistrum	DVDDIPRIVQEAFFLATSGRPGPVLVDVPKDIQQQLAIPNWDQPMRLPGYMSRLPQPPE----VSQLRQIVRLISESKRP	217

（续）

Raphanus raphanistrum	VLYVGGGCLNSDELGRRFVELTGIPVASTLMGLGSYPCDDELSLHMLGMHGTVYANYAVEHSDLLLAFGVRFDDRVTGKL	382
R	VLYTGGGSLNASDELRRFVELAGVPVASTLMGLGSFPTSSDLSLKMLGMHGTVYANYAVEHSDLLLAFGVRFDDRVTGKL	396
S	VLYTGGGSLNASDELRRFVELTGVPVASTLMGLGSFPTSSDLSLKMLGMHGTVYANYAVEHSDLLLAFGVRFDDRVTGKL	396
Sagittaria pygmaea	VLYAGGGSLNASDELRRFVELTGVPVASTLMGLGSFPTTSDLSLKMLGMHGTVYANYAVEHSDLLLAFGVRFDDRVTGKL	396
Sagittaria trifolia	VLYTGGGSLNASDELRRFVELTGVPVASTLMGLGSFPTSSDLSLKMLGMHGTVYANYAVEHSDLLLAFGVRFDDRVTGKL	396
Amaranthus retroflexus	VLYTGGGCLNSSEELRKFVELTGIPVASTLMGLGAFPCTDDLSLHMLGMHGTVYANYAVDKADLLLAFGVRFDDRVTGKL	381
Helianthus annuus	VLYVGGGCLNSDDELRRFVELTGIPVASTLMGLGAYPASSDLSLHMLGMHGTVYANYAVDKSDLLLAFGVRFDDRVTGKL	366
Gossypium hirsutum	VLYVGGGCLNSSEELKRFVELTGIPVASTLMGLGAFPTSDELSLQMLGMHGTVYANYAVDKSDLLLAFGVRFDDRVTGKL	371
Raphanus raphanistrum	VLYVGGGSLNSSEELGRFVELTGIPVASTLMGLGSYPCNDELSLQMLGMHGTVYANYSVEHSDLLLAFGVRFDDRVTGKL	297

Raphanus raphanistrum	EAFASRAKIVHIDIDSAEIGKNKTPHVSVCGDVKLALQGMNKVLENRAEELKLDFGVWRNELNVQKQKFPLSFKTFGEAI	462
R	EAFASRAKIVHIDIDPAEIGKNKQPHVSICGDLKLALEGINELLEETKIHEQLDFSSWRGELDEQRKKFPLSYKKFGDAI	476
S	EAFASRAKIVHIDIDPAEIGKNKQPHVSICGDLKLALEGINELLEETKIHEQLDFSSWRGELDEQRKKFPLSYKKFGDAI	476
Sagittaria pygmaea	EAFASRAKIVHIDIDPAEIGKNKQPHVSVCGDLKLALEGINELLEETKIHEQLDFSSWRGELDEQRKKFPLSYKKFGDAI	476
Sagittaria trifolia	EAFASRAKIVHIDIDPAEIGKNKQPHVSICGDVKLALQGLNKILESRKGKVKLDFSNWREELNEQKKKFPLSYKKFGDAI	476
Amaranthus retroflexus	EAFASRAKIVHIDIDSAEIGKNKQPHVSICGDVKLALQGLNKILEERNSVTNLDFSNWRKELDEQVKFPLKFPLSYKTFGEAI	461
Helianthus annuus	EAFASRAKIVHIDIDSAEIGKNKQPHMSVCSDVKLALQGINKILETTGAKLNLDYSEWRQELNEQKLKFPLSYKTFGEAI	446
Gossypium hirsutum	EAFASRAKIVHIDIDSAEIGKNKQPHVSVCGDVKLALQGINEILENRAEELKLDFGVWIRSELSEQKKFPLSFKTFGEAI	451
Raphanus raphanistrum	EAFASRAKIVHIDIDSAEIGKNKTPHVSVCGDVKLALQGMNEILENRAEELKLDFGVWIRSELSEQKKFPLSFKTFGEAI	377

（续）

Raphanus raphanistrum	PPQYAIKVLDELTDGKAIISTGVGQHQWTAAQFYNYKKPRQWLSSGLGAMGFGLPAAIGASVANPDAIYVDIDGDGSFI	542
R	PPQYAIHVLDELTNGEAVISTGVGQHQWTAAQWYSYKKPRNWLSSAGLGAMGFGLPAAAGAAVGRPESIVVDIDGDGSFL	556
S	PPQYAIHVLDELTNGEAVISTGVGQHQWTAAQWYSYKKPRNWLSSAGLGAMGFGLPAAAGAAVGRPESIVVDIDGDGSFL	556
Sagittaria pygmaea	PPQYAIHVLDELTNGEAVISTGVGQHQWTAAQWYSYKKPRNWLSSAGLGAMGFGLPAAAGAAVGRPESIVVDIDGDGSFL	556
Sagittaria trifolia	PPQYAIHVLDELTNGEAVISTGVGQHQWTAAQWYSYKKPRNWLSSAGLGAMGFGLPAAAGAAVGRPESIVVDIDGDGSFL	556
Amaranthus retroflexus	PPQYAIQVLDELTKGDAVVSTGVGQHQWTAAQFYKYRNPRQWLTSGGLGAMGFGLPAAIGAAVARPDAVVVDIDGDGSFI	541
Helianthus annuus	PPQYAIQVLDELTGGNAIISTGVGQHQWTAAQFYKYNPRQWLTSGGLGAMGFGLPAAIGAAVARPDAVVVDIDGDGSFM	526
Gossypium hirsutum	PPQYAIAIQVLDELTGGNAIISTGVGQHQWTAAQFYKYKKPRQWLTSGGLGAMGFGLPAAIGAAVANPEAVVVDIDGDGSFI	531
Raphanus raphanistrum	PPQYAIQVVLDELTDGKAIISTGVGQHQWTAAQFYKYRKPRQWLSSSGLGAMGFGLPAAIGASVANPDAIXVDIDGDGSFI	457

Raphanus raphanistrum	MNVQELATIRVENLPVKILLNQHLGMWMQWEDRFYKANRAHTFLGDPAQEDEIFPNMLLFAAACGIPAARVTKKADLR	622
R	MNIQELAVLRIENLPVKIMVLNNQHLGMWMQWEDRFYHANRAHTYLGDPARESDIYPDLVSIAKGFNIPAARITKIGEVR	636
S	MNIQELAVLRIENLPVKIMVLNNQHLGMWMQWEDRFYHANRAHTYLGDPARESDIYPDLVSIAKGFNIPAARITKIGEVR	636
Sagittaria pygmaea	MNIQELAVLRIENLPVKIMVLNNQHLGMWMQWEDRFYHANRAHTYLGDPARESDIYPDLVTIAKGFNIPAARITKIGEVR	636
Sagittaria trifolia	MNIQELAVLRIENLPVKIMVLNNQHLGMWMQWEDRFYHANRAHTYLGDPARESDIYPDLVSIAKGFNIPAARITKIGEVR	636
Amaranthus retroflexus	MNVQELATIRVENLPVKIMLNNQHLGMWMQWEDRFYKANRAHTYLGNPSNSSEIFPDMLKFAEACDIPAARVTKVSDLR	621
Helianthus annuus	MNVQELATIRVENLPVKILLNNQHLGMWMQWEDRFYKANRAHTYLGNPSKESEIFPNMLKFAEACDIPAARVTQKADLR	606
Gossypium hirsutum	MNVQELATMRVENLPVKILLNNQHLGMWMQWEDRFYKANRAHTYLGDPSNESEIFPNMLKFAEACGIPAARVTKKEDLK	611
Raphanus raphanistrum	MNVQELATIRVENLPVKILLNNQHLGMWMQWEDRFYKANRAHTYLGDPARESEIFPNMLQFAGACGIPAARVTKKEELR	537

（续）

Raphanus raphanistrum	EAIQTMLDTPGPYLLDVICPHQEHVLPMIPNGGTFNDVITEGDRIKY	670
R	AAITKMLETPGPYLLDIIVPHQEHVLPMIPSGGAFKDLIVEGDGRSSY	684
S	AAITKMLETPGPYLLDIIVPHQEHVLPMIPSGGAFKDLIVEGDGRSSY	684
Sagittaria pygmaea	DAITKMLETPGPYLLDIIVPHQEHVLPMIPSGGAFKDLIVEGDGRSSY	684
Sagittaria trifolia	AAITKMLETPGPYLLDIIVPHQEHVLPMIPSGGAFKDLIVEGDGRSSY	684
Amaranthus retroflexus	AAIQTMLDTPGPYLLDVIVPHQEHVLPMIPSGGAAFKDTITEGDGRRAY	669
Helianthus annuus	AAIQKMLDTPGPYLLDVIVPHQEHVLPMIPAGGGFSDVITEGDGRTKY	654
Gossypium hirsutum	AAIQKMLDTPGPYLLDVIVPHQEHVLPMIPSGGAFKDVITEGDGRTQY	659
Raphanus raphanistrum	EAIQTMLDTPGPYLLDVICPHQEHVLPMIPSGGTFKDVITEGDGRTKY	585

通过除草剂与靶标酶分析相互作用机理研究结果表明（彩图21，彩图22），除草剂与抗药性 ALS 酶结合位点的亲和力低于感性 ALS。

六、稻田抗药性杂草治理

（一）防治抗药性杂草的农艺技术

农田抗药性杂草个体的出现是必然的，只不过是不同地方的耕作体系、栽培管理技术体系、除草剂使用技术体系等不同而存在抗药性杂草种类、发生数量、抗性特征不同而已。如：单一作物的连作地出现抗药性杂草的概率高于轮作地，单季稻稻田出现抗药性杂草概率高于水旱复种，单剂除草剂处理地高于复配剂使用或轮用除草剂地等。所以抗药性杂草一般多发生在东北单季稻稻田、连作玉米地或中西部地区玉米和小麦地、小麦和油菜复种地。抗药性杂草的最初出现是具有偶然性的，是以单一个体形式出现，通过除草剂长期连用形成的选择压，使原来占优势种的同种敏感型逐渐被抗药性生态型所取代。过去抗药性杂草形成一定种群需要 20 多年时间，但目前随着高药效、单一作用靶标除草剂的大量推广，缩短了抗药性杂草形成种群所需的时间。如果抗药性杂草出现初期无意识地消除抗性突变个体，也会大大延缓抗药性杂草形成优势种群的出现时间。

目前，有效防治抗药性杂草生态型出现的农艺技术主要有：

（1）轮换使用不同种类除草剂　如，主导型除草剂使用 3～5 年后，改用其他作用机理的除草剂种类。

（2）混合使用　两种以上不同作用机理的除草剂混用，可以延缓或防止抗药性杂草的出现。

（3）适量使用　由于生产者担心除草剂药效，往往加大剂量或多次使用，结果也增大了除草剂选择压，促进了抗药性杂草的出现。

（4）及时发现异常情况　如果正常技术标准施用除草剂后，发现疑似抗药性杂草生态型时，最好及时鉴定、拔出或第二年改换使用对抗药生态型杂草有效的不同作用机理的除草剂。

（5）防止扩散　农田杂草扩散、迁入的途径是多种多样的，要真正有效地控制抗药性杂草的蔓延和重复发生，必须断源防扩散。由于多数杂草的抗性基因是显性基因，所以除了植物体正常的种子、营养繁殖体扩散途径以外，也可以通过花粉传播抗药性。因此，开花期之前消除抗药性个体是断源防扩散的最有效措施。

（二）快速鉴定杂草抗药生态型的方法

通过 DNA 突变位点的鉴定、除草剂与靶标点的反应特征（如：ALS 抑制剂与抗、感型 ALS 活性反应差异）、含有除草剂培养基的种子发芽法、田间直接处理除草剂法等不同水平的鉴定试验，可以定量鉴定杂草抗药性特征。其中，田间直接处理除草剂法是农户可操作、快速简便的鉴定方法之一；如果需要研究抗药性特征，则可以取样稻田发生的抗药性杂草（如慈姑和雨久花）盆栽后进行不同除草剂剂量的梯度处理。试验结果，盆栽的慈姑、雨久花进行农得时商品标准计量的 3 倍量茎叶处理时，7d 后感性植株的心叶出现黄化、皱缩，老叶边缘黄化及茎部变黄等外观症状，而抗性植株无此症状（如彩图23）。

如果被鉴定为抗药生态型，必须改换使用非同一作用机理的异类除草剂或复配剂。由于抗药性突变位点的不同、被替换的氨基酸种类不同，会导致出现交叉抗药性、复合抗药性突变的可能性。因此，依靠化学除草机防除抗药性杂草，首先应准确鉴定其抗药性特征，包括抗性范围、抗性程度等指标（表5）。

表5 常见的杂草ALS氨基酸抗药性突变位点及其抗药性特征

氨基酸残基和序号	抗性突变类型	杂草种类	磺酰脲类	咪唑啉酮类	嘧啶氧（硫）苯甲酸酯类	三唑并嘧啶磺酰胺类
丙氨酸122	苏氨酸	苍耳	感	高抗	感	—
	苏氨酸	反枝苋	—	高抗		
	苏氨酸	苋菜	感	高抗		
脯氨酸197	组、苏、丝氨酸	野莴苣	高抗	中抗	感	中抗
	苏氨酸	扫帚菜（地肤）	高抗	感	—	高抗
	精、亮、丝、丙氨酸	扫帚菜（地肤）	高抗			
	丙氨酸	甘蓝性油菜	高抗	感	—	高抗
	亮氨酸	反枝苋	高抗	高抗	高抗	高抗
	丙、苏、组、丝氨酸	野萝卜	高抗	感	—	高抗
	丙、丝氨酸	美洲母草	高抗	—		
	谷氨酰胺、丝氨酸	狭叶母草	高抗			
	谷氨酰胺、丝氨酸	陌上菜	高抗			
	组、丝氨酸	野萝卜	高抗	感		高抗
	苏氨酸	茼蒿	高抗	中抗	高抗	中抗
	丝氨酸	鸭舌草	高抗			
	亮氨酸	向日葵	高抗	—		
	组、苏、丝氨酸	罂粟	高抗	感		中抗
	丝氨酸	旱雀麦	高抗	感		
	组、丝、亮氨酸	萤蔺	高抗	感	感	—
	丝氨酸	大麦属	高抗	感		
	亮氨酸	败酱草	高抗	中抗		感
	苏氨酸	大穗看麦娘	高抗			
丙氨酸205	缬氨酸	苍耳	中抗	中抗	中抗	中抗
	缬氨酸	向日葵	中抗	高抗		
	缬氨酸	反枝苋	感	高抗		
天冬氨酸376	谷氨酸	绿穗苋	高抗	高抗	高抗	高抗

（续）

氨基酸残基和序号	抗性突变类型	杂草种类	磺酰脲类	咪唑啉酮类	嘧啶氧（硫）苯甲酸酯类	三唑并嘧啶磺酰胺类
色氨酸574	亮氨酸	苍耳	高抗	高抗	高抗	高抗
	亮氨酸	苋菜	高抗	高抗	—	高抗
	亮氨酸	绿穗苋	高抗	高抗		高抗
	亮氨酸	扫帚菜（地肤）	高抗	高抗		
	亮氨酸	三裂叶豚草	高抗	高抗		高抗
	亮氨酸	野萝卜	—	—	—	—
	亮氨酸	北美苋	高抗	高抗	高抗	高抗
	亮氨酸	反枝苋	高抗	高抗		
	亮氨酸	苋菜	高抗	高抗		
	亮氨酸	萤蔺	高抗	高抗	高抗	
	亮氨酸	大穗看麦娘	高抗	—		
丝氨酸653	苏氨酸	苋菜	感	高抗		
	苏氨酸	反枝苋	感	高抗		
	天冬酰胺、苏氨酸	苋菜	感	高抗		感
	天冬酰胺	绿穗苋	中抗	中抗		中抗

七、建立稻田抗药性杂草灾情预警体系意义

　　延边大学杂草抗药性研究课题组从 2000 年至 2007 年跟踪调查结果显示，吉林省水田抗药性杂草无论是在种类、数量、分布范围方面还是在对水稻生产的危害方面，均呈明显增加趋势。目前吉林省稻田抗药性杂草种类有 5～6 种，分布于全省的各主要稻区，发生面积约 6 万 hm^2。因抗药性杂草的发生，水稻减产的因素变得更为复杂，一方面由于无法控制抗药性杂草，草害引起大幅减产，另一方面为了防除抗药性杂草而过量施药造成稻株药害也会导致严重减产。如果抗药性杂草得到有效监控，每年至少可挽回 10％的产量损失。同时，如果抗药性杂草得到早期控制，

可大大减少农药使用量，全省直接降低除草总成本 600 余万元，环境污染和产品农药残留问题也将得到相应控制。此外，近些年频发农户与农药生产厂家或经销单位之间的经济纠纷事件，农户按标准打药后农田杂草表现出不死的"怪象"，农民误认为购买了假药，而生产、销售商则认为是农民施药技术失误所致。经调查发现，施药后杂草未能如期防治的多数案例其实是杂草产生了抗药性突变所致。如果建立稻田抗药性杂草灾情预警体系，鉴定杂草抗药性与否及其特征，采取"对症下药"的除草技术，不仅可以直接产生巨大的经济效益，而且通过减少农药的施入量，有效减少了化学农药对环境的危害，具有明显的生态效益。同时科学合理地指导农民施药，不仅能减少社会各单位之间的利益矛盾，还可提高农产品的质量安全，体现出显著的社会效益。东北地区是我国采用稻田化学除草较早的地区之一，使用除草剂的历史已有 50 多年，其中，稻田磺酰脲类除草剂的应用时间已有 30 多年。根据日、韩两国的抗药性杂草变异趋势及延边大学杂草抗药性研究课题组多年研究成果来看，吉林省已有多种杂草突变为抗药性生态型杂草。如：抗磺酰脲类除草剂（农得时、草克星）的雨久花、慈姑类、蘸草类、疣草和抗二氯喹啉酸除草剂的稗草。在抗药性杂草发生的稻田中，除草剂使用剂量已增加 2 倍、使用次数增加到 2～3 次/生育期。如果当前仍然忽视抗除草剂药性杂草的发生与危害，这些种类的杂草将会逐渐演替为全省稻田的主要杂草。按目前趋势发展，4～5 年后抗药性杂草就将成为农田优势杂草，成为限制水稻优质高产生产的严重障碍。

由此可见，在全省范围内全面调查稻田杂草抗药性势在必行。因此，在吉林省世界银行办公室组织下，延边大学与吉林省农业科学院水稻研究所主持吉林省世行贷款农产品质量安全应用研究项目"吉林省稻田抗药性杂草灾情预警与安全防控技术集成示范"，与延边朝鲜族自治州、松原市、吉林市等地区的地方农业推广部门、科研部门和种植户沟通合作，在全省布点，全面调查各地杂草抗药性程度，制定全省抗药性稻田杂草分布图谱和危害等级，研究区域杂草抗性特征及其扩散对策，有的放矢地制定相关控制措施，以高效、低残留新型除草剂及配方组合防控杂草，并在各种植区建设示范和研究基地，向农户及生产单位示范和推广新技术和新方法，改变生产者施药行为。与地区推广机构形成长期信息交换平台，建立全省动态抗性杂草预警系统，最终达到动态监测、全面防控、高效环保的稻米安全生产总目标。

第二部分　吉林省主稻区稻田抗药性杂草发生现状与防除

一、2011—2014 年吉林省主稻区杂草普查概况

2011—2014 年期间，延边大学杂草抗药性研究团队组织项目组成员对吉林省长春稻区、吉林稻区、通化稻区、松原稻区和延边稻区进行了"疑似抗药性杂草发生稻田"的普查。

（一）调查方法

1. 调查样区

依据吉林省主稻区灌区分布特征，2011—2013 年度水稻拔节期以后的 7～9 月（正常除草剂使用期已过），针对五大稻区杂草多发生的稻田，设定、取样 291 个样点，累计调查区域面积达 5 万 hm²。

2. 调查时间

调查采样时间为 2011—2013 年 7～9 月。

3. 调查内容

对调查点进行 GPS 定位、定点，调查每个样点的杂草种类和杂草发生程度，计算调查区域的杂草大发生样点频度。调查后秋季采种，作为抗药性鉴定的测试材料。

$$杂草大发生样点频度（\%）=\frac{杂草大发生调查点数}{调查区总样点数}\times100\%$$

4. 评价方法

采用 GPS 面积测定仪对每个调查区域随机定点、定位，面积 $1\sim10hm^2$，调查每个样点的杂草种类、杂草发生程度，计算杂草发生等级及其分布情况，用"一、＋、＋＋、＋＋＋级别"表示每种杂草发生密度范围。（注：一表示为无发生；＋为 $1\sim5$ 株/m^2；＋＋为 $6\sim10$ 株/m^2；＋＋＋为 10 株以上/m^2）

(二) 调查结果

吉林省主稻区中，选择杂草发生较多稻区进行了随机定点调查，调查结果表明（表6），3 万 hm^2 调查区域中，7 600 多 hm^2（23％）即使打了 2 次除草剂，7 月以后仍然发生、存在高密度的杂草群。其中，延边稻区、通化稻区杂草多发生面积比例高；城市郊区相对偏远山区杂草多发生面积比例大。延边、通化稻区依赖化学除草程度高，说明两稻区杂草多发生原因与杂草抗药性有关。

表6 吉林省稻区杂草多发生稻田普查概况

地区	县市	普查面积 （hm²）	杂草多发生面积 （hm²）	面积比 （％）	主要杂草种类	普查区经纬度 N	E
	龙井	2 170	552	25.44	Db，cg，yjh，lbc，Bc，yl，dlsh，zcd	42°75′～42°88′	129°19′～129°77′
	和龙	2 470	618	25.02	db，cg，yjh，yl，dlsh，lbc	42°74′～42°50′	129°32′～129°00′
	延吉	280	184	65.71	db，cg，yjh，bc，yl，dlsh，lbc，zcd	42°88′～42°93′	129°33′～129°44′
延边	图们	330	118	35.75	db，cg，yjh，yl	42°84′～42°98′	129°63′～129°83′
	珲春	1 950	670	34.36	db，cg，yjh，bc，yl，dlsh	42°78′～42°91′	130°12′～130°43′
	汪清	120	24	20.00	db，cg，yjh，bc，yl，dlsh	43°23′～43°28′	129°52′～129°60′
	其他	280	78	27.86			
合计		**7 600**	**2 244**	**29.52**			

（续）

地区	县市	普查面积（hm²）	杂草多发生面积（hm²）	面积比（%）	主要杂草种类	普查区经纬度 N	普查区经纬度 E
长春	德惠	3 700	667	18.02	cg，yjh，bc，db	44°51′～44°62′	126°03′～126°24′
	榆树	2 600	510	19.62	cg，yjh，bc，db	44°58′～44°81′	126°45′～126°66′
	伊通	30	5	16.67	db	43°49′	125°29′
	东风	20	0	0.00		42°71′	125°57′
	九台	150	15	10.00	db		
合计		**6 500**	**1 197**	**18.41**			
吉林	舒兰	8 100	1 842	22.74	db，cg，yjh	44°23′～44°59′	126°16′～127°16′
	吉林市郊	450	137	30.44	db，cg，yjh，bc，yl	43°64′～44°14′	126°45′～126°56′
	蛟河	150	28	18.67	db，yjh，bc，yl		
	其他	200	40	20.00	db，cg，yjh，bc，yl，lbc		
合计		**8 900**	**2 047**	**23.00**			
通化	梅河口	5 750	1 492	25.95	db，cg，yjh，dlsh	42°28′～42°93′	125°35′～125°93′
	柳河	1 050	230	21.9	db，cg，yjh，bc，yl，zcd	42°02′～42°17′	125°35′～125°58′
	通化	500	121	24.2	db，cg，yjh	41°78′～41°79′	125°80′～125°82′
合计		**7 300**	**1 843**	**25.25**			

（续）

地区	县市	普查面积（hm²）	杂草多发生面积（hm²）	面积比（%）	主要杂草种类	普查区经纬度 N	普查区经纬度 E
松原	红旗农场及周围	2 000	340	17.00	db，cg，bc	45°00′～45°07′	124°98′～124°93′
	红光农场及周围	2 800	410	14.64	db，cg，bc，yl	45°09′～45°21′	124°64′～124°85′
合计		**4 800**	**750**	**9.62**			
总计		**35 100**	**8 081**	**23.02**			

注：db：稻稗；cg：慈姑；yjh：雨久花；bc：蔗草；yl：萤蔺；dlsh：稻李氏禾；lbc：狼巴草；zcd：杂草稻。

后期阶段调查，存在的主要杂草种类为稻稗、慈姑、雨久花、狼巴草、蔗草、萤蔺、稻李氏禾、杂草稻。其中，稻稗、慈姑、雨久花、蔗草、萤蔺为共有杂草种；稻李氏禾、杂草稻多发生于延边、通化稻区多（表6）。

二、2011—2014年吉林省主稻区杂草抗药性特征鉴定结果

在普查基础上，针对杂草多发生稻区，在疑似抗药性杂草发生的稻田取样，鉴定了稻稗、慈姑、雨久花、稻李氏禾、杂草稻的抗药性特征。

（一）延边稻区抗药性概况

调查结果，延边地区稻田普遍发生抗药性稻稗。其中，高抗黄酰脲类除草剂苄嘧黄隆和二氯喹啉酸除草剂的抗药生态型也存在；对氰氟草酯、五氟磺草中抗（标量下不死）水平的开始发生。

表 7　延边稻区杂草抗药性特征检测结果

地区	抗性鉴定杂草种类	取样点数	供试除草剂	发生抗性样点比例（%）	抗性强度及其比例（%）	交叉抗性特征及样点数	备　注
延边	稗草	43	苄嘧磺隆（B）	45.4	R：18.9 MR：26.5	B+Q：3点 B+C：3点 B+P：2点 Q+C：1点 Q+P：0点 C+P：1点	全州主稻区几乎都发生
			二氯喹啉酸（Q）	38.9	R：16.7 MR：22.2		
			氰氟草酯（C）	22.1	R：0 MR：22.1		
			五氟磺草胺（P）	31.7	R：0 MR：31.7		
	稗李氏禾（4（18个点发现该草种）		苄嘧磺隆（B）	100	R：0 MR：100	稗李氏禾外来入侵杂草，对实生苗只有Q有效，对根茎繁殖的均无效。抗性强	延边大面积稻区发生，严重发生的稻田不得不水改旱
			二氯喹啉酸（Q）	50	R：25.0 MR：25.0		
			氰氟草酯（C）	100	R：100 MR：0		
			五氟磺草胺（P）	100	R：100 MR：0		
	杂草稻（4（11个点发现该草种）		苄嘧磺隆（B）	100	R：100 MR：0	目前对水稻安全的除草剂对杂草稻均无效	延边很少有连年发生稻田。种子流通与收割机传播为主
			二氯喹啉酸（Q）	100	R：100 MR：0		
			氰氟草酯（C）	100	R：100 MR：0		
			五氟磺草胺（P）	100	R：100 MR：0		
	慈姑	11	丁草胺（M）	90	R：0 MR：90.0	M+B；多数为MR交叉抗 B+P；3个点	交叉高抗的3个点在延吉市稻区
			苄嘧磺隆（B）	89.1	R：36.4 MR：45.5		
			五氟磺草胺（P）	45.4	R：9.0 MR：36.4		
	雨久花	16	丁草胺（M）	50.0	R：12.5 MR：37.5	M+B；多数为MR交叉抗 B+P；1个点	交叉高抗的一个点
			苄嘧磺隆（B）	87.5	R：12.5 MR：75.0		
			五氟磺草胺（P）	62.5	R：25.0 MR：37.5		

注：抗性强度S（感性）：在3倍标准剂量处理下死亡；MR（中抗）：在标准剂量处理下死亡，在3倍标准剂量处理下不死；R（高抗）：在标准剂量处理下不死。

稻稗是全球稻田共性的问题杂草之一，过去稻稗的化控主要靠酰胺类除草剂和黄酰脲类除草剂混用，采用土壤封闭处理有效防除。但酰胺类除草剂和黄酰脲类除草剂复配剂的长期连用，使延边稻区发生的稻稗产生了不同程度的抗药性，仅靠酰胺类除草剂和黄酰脲类除草剂复配剂的标量处理，在前期的土壤封闭处理中难以有效防除，中后期还需进行茎叶处理型除草剂的处理。

鉴定结果表明，延边地区稻田发生的外来入侵性杂草稻李氏禾（延吉市 4 个点，龙井市 3 个点，和龙市 6 个点，珲春市 1 个点，汪清县 1 个点），对目前使用的常规除草剂（对稻田禾本科杂草有效的除草剂）耐药性极强，特别是根茎繁殖的个体对稻田常用的除草剂均表现高水平耐性，而且发生面积大、密度大、人工控制难、蔓延速度极快（收割机传播），很可能成为本地区稻田的一种恶性杂草种群。依据近几年延边稻区稻李氏禾跟踪调查分析，稻李氏禾源生于长江流域，生态习性类似于稻类，既可种子繁殖（有性），又可根茎繁殖（无性）；种子具有休眠性，而根茎芽无休眠性。地下根茎与地上茎均可横向生长，地下茎长出新芽形成新的个体，地上茎节着地生根，茎密生勾刺扎人。稻李氏禾耐药性较强，种子发生的个体和根茎发生的个体耐药性特征差异大，根茎繁殖的个体耐药性相对强。由于稻李氏禾密生，茎横向匍匐伸长而带有刚刺，难以下地作业，同时秋季可带来水稻倒伏，造成严重减产。从目前稻李氏禾的分布、发生趋势及其耐药性特征推测，过几年，稻李氏禾可能成为延边稻区乃至东北稻区的一种恶性杂草种群，必须引起植保、检疫部门的高度重视。

鉴定结果表明，延边稻区发生的杂草稻对常规除草剂表现出高水平耐性。虽然目前杂草稻发生面积不广，而且随秋冬降水量不同，不同年份间发生量有差异，但由于杂草稻防除难（化控难、人工除掉难），必须应引起重视，避免秋冬干旱年份的大扩散，同时应加强稻种检疫，防止与稻种混杂或农业机械附带迁移。

鉴定结果还表明，延边稻区发生了抗药性慈姑和雨久花。其中，慈姑对稻田土壤处理剂丁草胺表现中抗水平，抗性概率为90%；雨久花对丁草胺的抗性概率为50%，部分稻田发生高抗水平的突变型；对苄嘧磺隆除草剂，慈姑抗性概率为64%，雨久花抗性概率为88%，部分稻田发生高抗水平的抗药突变型；同样对五氟磺草胺，慈姑和雨久花开始发生抗药突变型（见表8至表10）。

对延边稻区常见的藨草、萤蔺、牛毛毡、狼巴草等，有些稻田已经出现抗药突变型，需要进一步鉴定这些草类的抗药性特征。

总之，普查延边稻区杂草多发生稻田7 600多 hm² 中，7月为止，生存、发生杂草的稻田2 200多 hm²，占30%。对2 200 hm² 稻田取样鉴定抗药性结果，抗药性样点出现概率大约70%，即普查延边稻田7 600hm² 中20%稻田存在抗药性杂草的概率。

表8　延边不同稻区发生的慈姑、雨久花对土壤处理剂的抗性水平

杂草种类	取样地点	丁草胺 [990g（a.i.）/hm²]	苄嘧磺隆 [63g（a.i.）/hm²]
慈姑	延边 C-1	S	S
	延边 C-2	MR	MR
	延边 C-3	MR	MR
	延边 C-4	MR	S
	延边 C-5	MR	S
	延边 C-6	MR	MR
	延边 C-7	MR	MR
	延边 C-8	MR	S
	延边 C-9	MR	MR
	延边 C-10	MR	MR
	延边 C-11	MR	MR
雨久花	延边 Y-1	S	MR
	延边 Y-2	MR	MR
	延边 Y-3	MR	MR

（续）

杂草种类	取样地点	丁草胺 [990g（a. i.）/hm²]	苄嘧磺隆 [63g（a. i.）/hm²]
	延边 Y-4	MR	MR
	延边 Y-5	S	S
	延边 Y-6	S	MR
	延边 Y-7	MR	MR
	延边 Y-8	S	MR
	延边 Y-9	S	S
	延边 Y-10	MR	MR
	延边 Y-11	S	MR
	延边 Y-12	S	MR
	延边 Y-13	R	R
	延边 Y-14	MR	MR
	延边 Y-15	S	MR
	延边 Y-16	R	MR

表9 延边不同稻区发生的慈姑对苄嘧磺隆和五氟磺草胺的抗性水平

杂草种类	取样地点	苄嘧磺隆		五氟磺草胺	
		半致死浓度 EC_{50}	抗性系数	半致死浓度 EC_{50}	抗性系数
慈姑	延吉 C-1	46.4333	7.34	0.9082	1.09
	延吉 C-2	8.6367	1.36	2.3708	2.84
	延吉 C-3	37.6043	5.94	2.928	3.50
	延吉 C-4	15.9027	2.51	1.2119	1.45
	延吉 C-5	9.2673	1.46	0.8358	1.00
	延吉 C-6	45.7888	7.24	0.9165	1.10
	延吉 C-7	39.6729	6.27	3.5726	4.27
	延吉 C-8	16.3345	2.58	2.7499	3.29
	延吉 C-9	13.6845	2.16	0.9045	1.08
	延吉 C-10	24.1891	3.82	0.9309	1.11
	延吉 C-11	23.8978	3.78	1.3587	1.63

表 10　延边不同稻区发生的雨久花对苄嘧磺隆和五氟磺草胺的抗性水平

杂草种类	取样地点	苄嘧磺隆		五氟磺草胺	
		半致死浓度 EC_{50}	抗性系数	半致死浓度 EC_{50}	抗性系数
雨久花	延边 Y-1	52.392	4.29	5.0541	2.53
	延边 Y-2	39.3342	3.22	2.7071	1.35
	延边 Y-3	34.2237	2.81	3.4264	1.71
	延边 Y-4	21.6737	1.78	2.4461	1.22
	延边 Y-5	12.2008	1.00	2.1041	1.05
	延边 Y-6	21.0488	1.73	2.3923	1.19
	延边 Y-7	85.0367	6.97	4.736	2.37
	延边 Y-8	21.294	1.75	2.0007	1.00
	延边 Y-9	19.4143	1.59	2.5377	1.27
	延边 Y-10	34.7541	2.85	3.3467	1.67
	延边 Y-11	49.6202	4.07	3.4868	1.74
	延边 Y-12	33.0422	2.71	3.7713	1.88
	延边 Y-13	118.4615	9.71	5.0613	2.53
	延边 Y-14	36.659	3.00	6.7408	3.37
	延边 Y-15	16.4644	1.35	2.5615	1.28
	延边 Y-16	35.8395	2.94	2.6734	1.34

（二）长春、吉林、通化、松原稻区抗药性概况

按照吉林省主稻区灌区分布特征，选择吉林地区和长春地区的松花江流域，卡岔河和饮马河流域；通化地区的辉发河流域和统河流域；松原灌区的红旗和红光农场，在中后期杂草多发生稻田进行调查。

1. 长春稻区

松花江流域的长春稻区，杂草发生比较严重的为榆树市、德

表 11 长春稻区发生的慈姑、雨久花抗药性特征鉴定结果

地区	抗性鉴定杂草种类	取样点数	供试除草剂	发生抗性样点比例(%)	抗性强度及其比例(%)		交叉抗性特征及样点数	备注
长春	慈姑	8	丁草胺（M）	87.5	R：0	MR：87.5	M＋B；为 MR 交叉抗性	
			苄嘧磺隆（B）	75.0	R：37.5	MR：37.5		
			五氟磺草胺（P）					
	雨久花	3	丁草胺（M）	66.7	R：0	MR：66.7	M＋B；为 MR 交叉抗性	
			苄嘧磺隆（B）	66.7	R：33.3	MR：33.3		
			五氟磺草胺（P）					

惠市。虽然发生稻稗，但与其他稻区相比，发生密度等级不高，而取样的 11 样点中，70%样点发生抗药性慈姑、雨久花。其中，榆树市大坡镇稻区主要发生的抗药性杂草为慈姑和雨久花。德惠市岔路口和五台乡稻区主要发生的抗药性杂草为慈姑。伊通县附近稻区主要发生的抗药性杂草有雨久花和慈姑。

普查长春主稻区面积 6 500hm² 中，稻稗、藨草、慈姑、雨久花杂草危害较严重稻田约 1 200hm²，占 18%左右，该区稻田 2 次使用除草剂已成为惯例。长春稻区 6 500 多 hm² 稻田中，7 月为止仍然存活、发生杂草的稻田占 18%，约 1 200hm²。对 1 200 hm² 稻田取样，鉴定抗药性结果，抗药性样点出现概率大约 50%，即普查长春稻田 6 500hm² 中，9%的稻田存在抗药性杂草出现的概率（表 11）。

2. 吉林稻区

稻稗：按苄嘧黄隆有效剂量［50g（a.i.）/hm²］的 1 倍和 3 倍进行土壤处理，按二氯喹啉酸商品有效剂量［337.5g（a.i.）/hm²］的 1 倍和 3 倍、氢氟草酯商品有效剂量［90g（a.i.）/hm²］的 1 倍和 3 倍、五氟磺草胺商品有效剂量［22.5g（a.i.）/hm²］的 1 倍和 3 倍药液进行茎叶喷雾处理。结果表明，对苄嘧黄隆抗药性发生样点为 60%；对二氯喹啉酸表现抗性的相对比氢氟草酯、五氟磺草胺多；松花江灌区的吉林稻区、松原稻区发生高抗二氯喹啉酸抗药突变型；一个样点发现氢氟草酯除草剂的抗药突变型，未发现五氟磺草胺除草剂的抗药突变型（表 12 至表 14）。

表 12 稻稗对土壤处理农得时除草剂的抗性情况

样本编号	地点	苄嘧磺隆		
		1x	3x	抗性等级
1	吉林土城子 1	R	MR	R
2	吉林土城子 2	S	S	S

（续）

样本编号	地点	苄嘧磺隆		
		1x	3x	抗性等级
3	吉林十里桥	S	S	S
4	舒兰嘎鸭河	R	S	MR
5	舒兰白旗镇	R	MR	R

表 13　稻稗对茎叶处理剂的抗性情况

样本编号	地点	二氯喹啉酸		氰氟草酯		五氟磺草胺	
		1x	3x	1x	3x	1x	3x
1	吉林土城子1	S	S	S	S	S	S
2	吉林土城子2	R	R	S	S	S	S
3	吉林十里桥	S	S	S	S	S	S
4	舒兰嘎鸭河	R	MR	S	S	S	S
5	舒兰白旗镇	S	S	MR	MR	S	S

　　吉林稻区发生的疑似抗药性杂草慈姑和雨久花的发生量比较大。在调查的 8 个样点中均有疑似抗药性杂草发生，其中疑似抗药性慈姑、雨久花发生地区各占 7 个样点。调查结果显示，舒兰的钱家街主要发生的抗药性杂草为慈姑。舒兰的平安主要发生的抗药性杂草为雨久花。吉林的土城子、阿拉底，舒兰的四家子、白旗、法特主要发生的疑似抗药性杂草为慈姑和雨久花（表 14）。

3. 通化稻区

　　通化稻区是吉林省杂草发生较为严重的地区，又是疑似抗药性杂草种类、外来入侵抗药性杂草种类多的稻区。在调查的 6 个样点中均有疑似抗药性杂草发生，其中疑似抗药性慈姑、雨久花发生地区各占 5 个样点。柳河县长安村、穷八队、安口镇发生的主要抗药性杂草为雨久花、慈姑。梅河口市自强镇、三城镇和龙山村发生的主要抗药性杂草为慈姑和雨久花。其中，长安村、三城镇和龙山村是杂草发生较严重的地区（表 15，表 16，表 17）。

表14 吉林稻区发生的抗药性杂草及其抗药性特征鉴定结果

地区	抗性鉴定杂草种类	取样点数	供试除草剂	发生抗性样点比例（%）	抗性强度及其比例（%）		交叉抗性特征及样点数	备注
吉林	稻稗	5	苄嘧磺隆（B）	0	R：0	MR：0	无交叉抗性	土城子、嘎呀河发生高抗二氯喹啉酸
			二氯喹啉酸（Q）	40	R：40.0	MR：0		
			氰氟草酯（C）	0	R：0	MR：20.0		
			五氟磺草胺（P）	0	R：0	MR：0		
	杂草稻	舒兰十里桥1个点发现	苄嘧磺隆（B）	100	R：100	MR：0		舒兰稻区零星发生
			二氯喹啉酸（Q）	100	R：100	MR：0		
			氰氟草酯（C）	100	R：100	MR：0		
			五氟磺草胺（P）	100	R：100	MR：0		
	慈姑	6	丁草胺（M）	50	R：16.7	MR：33.3	M+B：高抗1个点	对五氟磺草胺抗性的1个点
			苄嘧磺隆（B）	66.7	R：33.3	MR：33.3		
			五氟磺草胺（P）	16.7	R：16.7	MR：0		
	雨久花	2	丁草胺（M）	100	R：50.0	MR：50.0	M+B：多数为MR交叉抗	
			苄嘧磺隆（B）	100	R：0	MR：100		
			五氟磺草胺（P）	0	R：0	MR：0		

表 15 通化稻区发生的抗药性杂草及其抗药性特征鉴定结果

地区	抗性鉴定杂草种类	取样点数	供试除草剂	发生抗性样点比例（%）	抗性强度及其比例（%）		交叉抗性特征及样点数	备注
通化	稻稗	2	苄嘧磺隆（B）	0	R：0	MR：0		
			二氯喹啉酸（Q）	0	R：0	MR：0		
			氰氟草酯（C）	0	R：0	MR：0		
			五氟磺草胺（P）	0	R：0	MR：0		
	杂草稻	4个点发现	苄嘧磺隆（B）	100	R：100	MR：0		
			二氯喹啉酸（Q）	100	R：100	MR：0		
			氰氟草酯（C）	100	R：100	MR：0		
			五氟磺草胺（P）	100	R：100	MR：0		
	慈姑	1	丁草胺（M）	100	R：0	MR：100	M+B：高抗1个点	对五氟磺草胺（P）抗性的1个点
			苄嘧磺隆（B）	0	R：0	MR：0		
			五氟磺草胺（P）	100	R：0	MR：100		
	雨久花	3	丁草胺（M）	45.9	R：0	MR：45.9	M+B：多数为MR交叉抗	
			苄嘧磺隆（B）	66.7	R：0	MR：66.7		
			五氟磺草胺（P）	0	R：0	MR：0		

稻田抗药性杂草

表 16 稻稗对土壤处理农得时除草剂的抗性情况

| 编号 | 地点 | 苄嘧磺隆 | | |
		1x	3x	抗性等级
1	柳河向阳（1）	R	S	MR
2	柳河向阳（2）	R	MR	R

表 17 稻稗对茎叶处理抗性情况

| 编号 | 地点 | 二氯喹啉酸 | | 氰氟草酯 | | 五氟磺草胺 | |
		1x	3x	1x	3x	1x	3x
3	梅河口1	MR	S	S	S	S	S
4	梅河口2	S	S	S	S	MR	MR

注：S 为 susceptible、MR 为 mid-resistant、R 为 resistant。

4. 松原稻区

松原地区的水田主要为红旗农场—新立乡—红光农场连接的灌区稻田。在调查的 7 个样点中，有 5 个样点发生疑似抗药性慈姑，各地区均没有雨久花发生。虽然该灌区管理水平高，但仍然发生慈姑为主的抗药性杂草。其中红光五分场发生慈姑较为严重，周边农村发生慈姑、稻稗、莎草科杂草较为严重（表 18，表 19，表 20）。

表 18 松原稻区发生的抗药性杂草及其抗药性特征鉴定结果

地区	抗性鉴定杂草种类	取样点数	供试除草剂	发生抗性样点比例（%）	抗性强度及其比例（%）		交叉抗性特征及样点数
松原	稻稗	4	苄嘧磺隆（B）	50	R：25	MR：25	
			二氯喹啉酸（Q）	25	R：0	MR：25	
			氰氟草酯（C）	0	R：0	MR：0	
			五氟磺草胺（P）	0	R：0	MR：0	

（续）

地区	抗性鉴定杂草种类	取样点数	供试除草剂	发生抗性样点比例（%）	抗性强度及其比例（%）		交叉抗性特征及样点数
松原	杂草稻	1个点发现	苄嘧磺隆（B）	100	R：100	MR：0	
			二氯喹啉酸（Q）	100	R：100	MR：0	
			氰氟草酯（C）	100	R：100	MR：0	
			五氟磺草胺（P）	100	R：100	MR：0	
	慈姑	4	丁草胺（M）	100	R：100	MR：100	
			苄嘧磺隆（B）	100	R：75	MR：25	
			五氟磺草胺（P）	25	R：25	MR：0	
	雨久花	3	丁草胺（M）	33	R：0	MR：33	
			苄嘧磺隆（B）	67	R：0	MR：67	
			五氟磺草胺（P）	0	R：0	MR：0	

表 19 稻稗对土壤处理农得时除草剂的抗性情况

杂草种类	编号	地点	苄嘧磺隆		
			1x	3x	抗性等级
稻稗	1	松原新立乡1	R	S	MR
	2	松原新立乡2	S	S	S
	3	松原红光五分场1	R	MR	R
	4	松原红光五分场2	S	S	S

表 20 稻稗对茎叶处理剂的抗性情况

杂草种类	编号	地点	二氯喹啉酸		氢氟草酯		五氟磺草胺	
			1x	3x	1x	3x	1x	3x
稻稗	1	松原新立乡1	S	S	S	S	S	S
	2	松原新立乡2	S	S	S	S	MR	S
	3	松原红旗农场	MR	MR	S	S	S	S
	4	松原红光农场	S	S	S	S	S	S

三、吉林省主稻区慈姑抗药性突变机理

（一）材料与方法

1. 材料

抗性慈姑材料采自多年连续使用苄嘧磺隆、吡嘧磺隆的延边地区稻田，未经除草剂处理的感性慈姑采自野外池塘。

2. 试剂

TRIZOL 购自 GIBCOBRL 公司；大肠杆菌（E-Coli）JM109、胶回收试剂盒、pMD18.T 载体购于 TAKARA 宝生物工程（大连）有限公司；反转录试剂盒购于 TOYOBO（日本）公司；5′和 3′RACE 试剂盒购于 CLONTECH（美国）公司。

3. 引物设计与合成

根据延边地区 ALS 基因的保守碱基序列（Genbank 登录号：FJ 908084.1），利用 Primerpremier 5.0 软件分别设计 3′-RACE 上游特异引物和 5′-RACE 下游巢式引物，之后依据 RACE 拼接结果，设计 ALS 基因编码区上、下游引物，引物序列见表 21。

表 21　扩增 ALS 基因的引物序列

引物名称	引物序列
ALS GSP 1	5′-ACGGCGTAGTTGGCGTAGACGGTTC-3′
ALS GSP 1.1	5′-CGAAGTGGGGAAGGAACCAAGTC-3′
ALS GSP 2	5′-CGCTCCCCTTCCATTGTCAACCATC-3′
ALS CDS 1	5′-TCCCCATGGCTGCGCCTTAC-3′
ALS CDS 2	5′-GGTCAGTATGATGATCTGCC-3′

4. ALS 基因全长的扩增

参照 CLONTECH 公司的 SMARTERTM RACEC DNA 扩增试剂盒说明书，以 SMARTScribe™ Reverse Transcriptase 反转录酶将 RNA 反转录成的 cDNA 为模板，使用设计的 3′RACE 上游特异引物（ALS GSP2）、5′RACE 下游巢式引物（ALS GSP1，ALS GSP1.1）及通用引物 UPM（5′-CTAATACGACT CACTATAGGGCAAGCAGTGGTATCAACGCAGAGT-3′）扩增 ALS 基因的 3′和 5′端。反应程序：94℃、30s，72℃、3min，5 个循环；94℃、30s，70℃、30s，72℃、3min，5 个循环；94℃、3s，68℃、30s，72℃、3min，25 个循环，最后 4℃保存 PCR 产物。利用胶回收试剂盒纯化 PCR 产物，与 pMD18-T 载体连接，转化到大肠杆菌 JM109 感受态细胞，挑取阳性克隆菌测序。

5. ALS 基因编码区克隆

以反转录的 CDNA 为模板，采用特异引物（ALS CDS1、ALS CDS2）PCR 扩增 ALS 基因的编码区域。反应体系：10 倍 ExTaq buffer $2\mu L$、cDNA $1\mu L$、ALS CDS1（10pmol/L）$2\mu L$、ALS CDS2（10pmol/L）$2\mu L$、dNTPMix（2.5mmol/L）$2\mu L$、ExTaq $0.2\mu L$，ddH_2O $10.8\mu L$，共 $20\mu L$。反应程序：94℃预变性 5min；94℃变性 1min，58℃退火 45s，72℃延伸 3min，共 30 个循环；72℃延伸 7min，4℃保存 PCR 产物。取 PCR 产物在 1‰琼脂糖凝胶上电泳，目的基因片段的克隆和测序同本文"4"。

6. ALS 基因感、抗性的序列分析

序列拼接采用 DNASTAR 软件中的 SEQMAN 程序，应用 NCBI 的 BLASTT 程序进行同源性检索，用 MEGA 6 软件对比抗性慈姑与敏感型慈姑 ALS 基因核酸序列与氨基酸序列差异，利用 Clustalw 构建系统进化树。

(二) 结果与分析

1. ALS 基因全长 cDNA 的克隆

参照 RACE 说明书，以抗、感性慈姑总 RNA 反转录合成的 cDNA 为模板，采用 $3'$-RACE 上游特异引物 ALS GSP2 和通用引物 UPM 进行 PCR，扩增得到了 1 个约 2 000bp 大小的目的条带，即为 ALS 基因的 $3'$ 端。采用 $5'$-RACE 通用引物 UPM 和下游巢式引物 ALS GSP 1、ALS GSP 1-1 进行 PCR，扩增 ALS 基因的 $5'$ 端，获得了 1 条约 1 200bp 大小的基因片段。将测序后的 $3'$ 端和 $5'$ 端基因拼接，获得 ALS 基因全长。采用特异引物 ALS CDS1、ALS CDS2 扩增 ALS 基因的编码区，鉴定基因全长的正确性。可见，ALS 基因开放阅读框长度 2 000bp，测序后的基因序列与之前一致，将感性慈姑 ALS 基因编码序列提交到 GenBank 后的登录号为 KC 287227. 1。

2. 慈姑 ALS 基因的序列分析

延边地区感、抗性慈姑 ALS 基因编码长度为 2 055bp，共编码 684 个氨基酸。根据延边感性慈姑和其他植物的 ALS 基因的氨基酸序列，运用 Clustalw 构建了系统进化树，延边慈姑与日本慈姑较为相似，氨基酸序列的相似性高达 98.0%，感性慈姑与抗性慈姑氨基酸序列的相似性为 99.7%，然而慈姑与拟南芥亲缘关系较远，它们的氨基酸序列的相似性也高达慈姑 ALS 基因的氨基酸序 88.0%，表明 ALS 基因在不同植物中具有高度相似的保守区和同源性区域。

经过序列分析发现延边地区抗性慈姑中除了已存在的第 324 位苏氨酸错义突变为丙氨酸外，还包括其他 6 个碱基序列的突变（表 22），其中，5 个突变为同义突变，未导致氨基酸变化。有趣的是，另一个错义突变却发生在非保守区域，即 17 位突变导致了苏氨酸与脯氨酸的置换，而已报道的 ALS 抗性的突变中，还未发现非保守区域的突变。

表 22　抗性与感性慈姑核酸序列的比较及相应编码的氨基酸

慈姑	ALS突变点氨基酸位置与相应的核酸（碱基密码）						
	17 位	218 位	307 位	324 位	396 位	426 位	520 位
感性慈姑	A̲CT	TC G̲	GG T̲	A̲CT	AT T̲	CT C̲	GC C̲
	T	S	G	T	I	L	A
	苏氨酸	丝氨酸	甘氨酸	苏氨酸	异亮氨酸	亮氨酸	丙氨酸
抗性慈姑	CCT	TCC	GGA	GCT	ATC	CTG	GCT
	P	S	G	A	I	L	A
	脯氨酸	丝氨酸	甘氨酸	丙氨酸	异亮氨酸	亮氨酸	丙氨酸

注：第一排英文字母为氨基酸碱基密码，第二排为氨基酸代号。

目前已发现的 ALS 抑制剂抗性杂草中，共有 8 个 ALS 基因位点发生了突变，相应于拟南芥 ALS 基因的氨基酸序列，这些位点分别位于 122 位丙氨酸（Ala_{122}），第 197 位脯氨酸（Pro_{197}），第 205 位丙氨酸（Ala_{205}），第 376 位冬氨酸（Asp_{376}），第 377 位精氨酸（Arg_{377}），第 574 位色氨酸（Trp_{574}），第 653 位丝氨酸（Ser_{653}）和第 654 位甘氨酸（Gly_{654}）。其中，有 6 个位点分别位于 Domain C、Domain A、Domain D、Domain B 和 Domain E 5 个保守区中。

Uchino 等报道的日本慈姑（GenBank 登录号：AB 301496）发生抗药性突变的位点属于上述的第 2 个突变类型（脯氨酸 Pro_{197}→丝氨酸 Ser_{197}），并且这种突变导致了杂草对磺酰脲类除草剂较高的抗性，抗性与感性的 LD_{50} 比值为 55～140。而延边地区慈姑 ALS 抗性突变并未发生在上述的 8 个位点（表 7），错义突变相应于拟南芥 ALS 氨基酸序列为第 17 位苏氨酸（Thr_{17}）和第 324 位苏氨酸（Thr_{324}），而同义突变相应于拟南芥 ALS 氨基酸序列分别为第 218 位丝氨酸（Ser_{218}），第 307 位甘氨酸（Gly_{307}），第 396 位异亮氨酸（Ile_{396}），第 426 位亮氨酸（Lcu_{426}）及第 520 位丙氨酸（Ala_{520}），虽然，延边地区慈姑的突变位点与日本慈姑突变位点不一致，但它们的抗性系数较为接近。抗磺酰脲类不同生物型杂草的 ALS 基因序列表明 ALS 基因保守区域中 1 个或 2 个位点突变将导致 ALS 对除草剂的亲和力及敏感性的降低，并且认为杂草抗药性程度取决于 ALS 中发生氨基酸取代的位点及其种类。在延边抗性慈姑中，第 324 位错义突变不仅位于保守区域内，并且是由极性氨基酸至非极性氨基酸的突变，这种突变可能破坏了蛋白质的二级结构或增加了二级结构的螺旋、折叠及卷曲的形成概率，从而降低了 ALS 酶对除草剂的亲和力，使延边抗性慈姑活性增加。因为非极性氨基酸对形成连续螺旋、连续折叠、连续卷曲有一定的积极影响，进而使其序列片段的二级结构呈现多样性，相反，极性氨基酸对序列的二级结构却具有显著地破坏作用。然而，非保守区域位点的突变也可能影响酶活性，从而导致活性变化。预测 ALS 酶及与除草剂的复合晶体，研究结果显示，与除草剂发生相互作用的 ALS 蛋白氨基酸残基并非是 ALS 酶的活性区域，而是远离辅助因子的作用部位。因此，推测延边慈姑 ALS 蛋白中与抗磺酰脲类除草剂相互作用的部位很可能位于非保守区域的苏氨酸（T17）位点，当其突变为脯氨酸时可能导致了慈姑抗药性的增加。此外，本试验还发现了 5 个同义突变位点，虽然，同义突变被认为是中性的，但是 RNA 序列的改变会影响基因表达，密码子的使用频率与 TRNA 的数量是对应的，由罕见密码子向使用概率较高的密码子突变可以提高 tRNA 的转移效率和翻译效率，进一步增加基因表达量。相反，稀有 tRNA 一旦被超量使用，就会表现出比多数 tRNA 更明显的敏感趋势。因此，认为这 5 个同义突变位点极可能增加了相应的 tRNA 的数量，提高了 tRNA 的转移效率或翻译频率，从而增加了延边地区抗性慈姑 ALS 酶活性及抗药性。

总之，由于长期单一地使用苄嘧磺隆、吡嘧磺隆等磺酰脲类除草剂，延边地区慈姑、雨久花等杂草需面对更大的除草剂胁迫。而为了响应这种环境胁迫，延边慈姑抗性生态型不仅发生了保守区域内位点的错义突变还发生了非保守区域位点的错义突变和同义突变，以便恢复 ALS 酶基因催化活性、提高 TRNA 转移效率或翻译效率使其高效表达，进而维持抗性慈姑正常的生长代谢。

四、稻田杂草发生量与水稻产量关系

草害是影响作物产量、品质的重要因素之一。农田杂草通过对水分、养分、空间、阳光等资源与作物的直接竞争作用，诱发病虫害的间接作用，导致作物减产。影响杂草与作物竞争关系的因素诸多，包括作物种类（或品种）、耕作方式、管理措施、农田杂草种群与群落特点、杂草与作物之间的化感作用特点、气象因素、土壤特性等，各因素影响杂草与作物间的不同竞争效果。因此，定量分析杂草与作物的竞争效果，预测作物产量的损失程度是一个复杂农田生态系统的分析范畴，要建立全面反映竞争效应的实用、简易模型难度很大。

国内外反映杂草与作物竞争效应的预测模型研究成果较多，包括经验模型、动态模拟模型等。国内大多数模型是基于杂草密度与作物竞争关系而建立，模型用来描述这些因素对杂草与作物竞争关系的影响，上述模型都有各自的优点和一定的局限性。事实上，对竞争过程的分析往往比分析竞争结果更难。同时，由于季节性和地域性的差异，模型难以解释由此而引起的不同竞争效果。

本试验以吉林省稻田生态、水稻生产方式及杂草发生特点为基础，探讨了基层农业推广部门、种植户能够在实际生产中应用的简便、实用型水稻草害程度的预测方法，为稻田杂草治理提供理论依据。

（一）不同时期稻田主要杂草鲜重变化测定

1. 试验与调查方法

在水稻插秧后（水稻插秧期：5 月 20 日，插秧密度：30cm×13.3cm，每穴：4~6 株）隔水挡板围起 4m² 试验小区，每小区人工种植稗草、狼巴草、藨草、慈姑、雨久花中的一草种（藨草、慈姑种植根茎、球茎），定植密度为 50 株/m²，重复 2 次。杂草发生始期为 5 月 25 日（水稻 5 叶期左右），生长期定时取样，测定其鲜重（取 10 株地上部，室外晾晒 1h 后称重），测定到水稻抽穗为止（8 月 25 日），人工除掉标靶外种类。

2. 调查结果与建模

测定结果，不同杂草种的生物量变化趋势不同，狼巴草、稗草早期鲜重增加快，空间竞争能力强（表 23）。

表 23　试验地不同时期杂草鲜重调查

草种	每 10 株杂草鲜重（g）				
	5.25	6.21	7.25	8.15	8.25
雨久花	1	3	21	193	343
	1	3	23	185	305
慈姑	1	6	47	251	401
	1	5	46	263	363
藨草	1	7	42	304	431
	2	7	51	296	471
稗草	1	19	138	550	650
	1	20	102	489	629
狼巴草	4	90	217	420	812
	5	111	261	458	905

利用表 6 的 10 个点数据做回归分析。设自变量时间（天数，以插秧日期为 0 天）为 X，杂草鲜重（单株）Y，求 $Y=AX+B$，见表 24。

通过直线回归模型，可以大致了解主要杂草种类在不同时期的生长量变化趋势、竞争强度，进一步实地调查杂草密度，大致地计算出其生物量，再通过杂草生物量与水稻产量的回归模型可以推算减产率。不同时期杂草鲜重（生物量）的变化趋势，采用直线回归模型时，相关系数较低，特别是生长前期和后期，拟合性误差较大，值得注意。

表 24 不同时期杂草鲜重变化趋势

不同杂草	回归方程	相关系数
雨久花	$Y=0.3091X-5.6645$	$R^2=0.6886$
慈姑	$Y=0.3837X-6.5736$	$R^2=0.7455$
蔗草	$Y=0.689X-10.667$	$R^2=0.7994$
稗草	$Y=0.4496X-7.7989$	$R^2=0.7319$
狼把草	$Y=0.7747X-8.392$	$R^2=0.7823$

注：定植密度为 50 株/m^2。

（二）稻田杂草发生量与水稻减产模型的建立

1. 试验与调查方法

在水稻插秧后（水稻插秧期：5 月 20 日，插秧密度：30cm×13.3cm，每穴：4～6 株），用隔水挡板围起 4m^2 试验小区，每一小区人工种植稗草、狼巴草、蔗草、慈姑、雨久花中的一种草种（蔗草、慈姑种植根茎、球茎），对照区为无草区，重复 2 次。8 月 15 日取样测定其鲜重（室内晾晒 12h 后称重），秋季测定水稻产量，人工除掉标靶外种类。

2. 调查结果与建模

测定结果表明，不同杂草种、不同生物量对水稻的减产影响不同。其中，藨草、狼巴草、稗草对水稻竞争能力强，灾情严重（表25）。利用表8的10个点数据做回归分析，设自变量杂草鲜重为 X，水稻减产率为 Y，求 $Y=AX+B$，结果见表26。

表 25　不同时期杂草鲜重与水稻产量调查值

草种	杂草鲜重 (g/m^2)	水稻产量 (g/m^2)	杂草鲜重 (g/m^2)	水稻产量 (g/m^2)	杂草鲜重 (g/m^2)	水稻产量 (g/m^2)	杂草鲜重 (g/m^2)	水稻产量 (g/m^2)	杂草鲜重 (g/m^2)	水稻产量 (g/m^2)
雨久花	0	760	250(10)	650	343(15)	435	590(25)	310	637(50)	180
	0	830	206(10)	681	405(15)	419	537(25)	393	688(50)	216
慈姑	0	750	212(10)	743	451(15)	420	584(25)	379	625(50)	250
	0	810	291(10)	704	463(15)	433	577(25)	378	592(50)	206
藨草	0	780	155(7)	518	304(15)	240	466(25)	87	574(50)	20
	0	780	193(7)	427	296(15)	302	392(25)	152	601(50)	0
稗草	0	790	357(5)	482	550(10)	311	614(20)	140	741(50)	118
	0	810	311(5)	503	489(10)	417	663(20)	128	730(50)	205
狼巴草	0	770	278(5)	612	420(10)	336	731(20)	99	819(50)	12
	0	780	339(5)	540	458(10)	319	694(20)	103	872(50)	72

（）：括号内数字为杂草株数。

通过表26数学模型，估算出不同杂草对水稻产量的灾情系数（减产系数），杂草发生与水稻减产程度的关系。本直线回归模型方程的回归系数 A 项表示减产系数，其绝对值越大，减产越多，灾情程度越重，常数项 B 代表无草时的水稻产量。不同杂草种的灾情系数不同，如藨草的绝对值最大，说明同样重量（鲜重）的藨草对水稻的减产影响最大。实际上，藨草不仅对水稻生长产生地上部的空间竞争，还产生比其他杂草更强的地下部的空间和营养竞争。

表 26　不同杂草鲜重对水稻产量影响的回归方程

不同杂草	回归方程	相关系数
雨久花	$Y=-0.8895X+812.59$	$R^2=0.9488$
慈姑	$Y=-0.8717X+838.13$	$R^2=0.8857$
蔍草	$Y=-1.3252X+725.65$	$R^2=0.9642$
稗草	$Y=-0.9238X+801.96$	$R^2=0.9604$
狼把草	$Y=-0.9150X+786.19$	$R^2=0.9644$

值得注意的是，稻田杂草往往多种群共生，而且各种群数量比是多变的。在这种条件下利用本数学模型时，需要先调查分析共生杂草各种群的重量分值，再依据分值折算出减产量。调查显示，稻田抗药性杂草目前是以一个种群为主的单种群发生。

五、吉林省主稻区抗药性杂草灾情预警系统构建与分析

延边大学稻田抗药性杂草研究课题组前期（2000—2007 年）跟踪调查结果显示，吉林省水田抗药性杂草无论是在种类、数量、分布范围方面还是在对水稻生产的危害方面，均呈明显增加趋势。特别是城市郊区稻田、化学除草程度高的稻区防除杂草的难度越来越大，为绿色安全规模化水稻生产提出了新的课题。

（一）评价项与权重确定

杂草通过空间竞争、养分竞争、水分竞争、光的竞争、化感作用等直接竞争和恶化微环境的间接竞争，导致作物减产和商品品质降低。因此，稻田杂草发生密度、发生量、杂草种类是导致水稻减产的主要因素。如果分析一个区域内抗药性杂草的灾情程

度和防控难易度，还需要考虑抗药性杂草种类及其抗性特点，需考虑区域内抗药性杂草发生样点概率等诸多因素。因此，本文的"抗药性杂草灾情预警系统构建与分析"综合评价项中，评价项暂定为各稻区杂草多发生面积在全省的比例分值、各稻区杂草多发生稻田比例分值、抗药性样点出现概率分值、抗药性杂草种类分值、杂草抗药性类型分值、杂草多发生稻区草害程度分值6个因素，并赋予其权重（表27）。

表27 评价项与权重的确定

	各稻区杂草多发生面积在全省的比例分值	各稻区杂草多发生稻田比例分值	抗药性样点出现概率分值	抗药性杂草种类分值	杂草抗药性类型分值	杂草多发生稻区草害程度分值
权重	0.1	0.1	0.1	0.05	0.05	0.6

（二）各评价项的数据转换

见表28、表29。

表28 评价指标的基础调查数据

各稻区	普查面积（hm²）	杂草多发生面积（hm²）	多发生稻田比例（%）	抗药性样点出现概率（%）	抗药性杂草种类（测定＋估计值）	杂草抗药性类型（测定＋估计值）	杂草多发生稻区草害程度（减产率,%）
延边稻区	7 600	2 244	29.52	70	5	5	17.0
长春稻区	6 500	1 197	18.41	50	3	2	10.7
吉林稻区	8 900	2 047	23.00	60	3	3	12.3
通化稻区	7 300	1 843	25.25	70	5	4	16.1
松原稻区	4 800	750	9.62	50	3	2	11.2
合计（平均）	35 100	8 081	21.16	60	3.8	3.2	13.46

表 29 评价指标基础调查数据转化后的各项分值

各稻区	杂草多发生面积分值	多发生稻田比例分值	抗性样点出现概率分值	抗性杂草种类比重	杂草抗药性类型比重	杂草多发生稻区草害程度分值	综合评价指标
延边稻区	0.027 8	0.139 15	0.116 7	0.065 8	0.078 2	0.12	0.547 65
长春稻区	0.014 8	0.086 79	0.083 3	0.039 5	0.031 3	0.064 2	0.319 89
吉林稻区	0.025 3	0.108 49	0.100 0	0.039 5	0.046 9	0.073 8	0.393 99
通化稻区	0.022 8	0.119 1	0.116 7	0.065 8	0.062 5	0.096 6	0.483 5
松原稻区	0.009 3	0.045 38	0.083 3	0.039 5	0.031 3	0.067 2	0.275 98

注：各项分值＝各稻区调查的基础数据/全省均值×权重。

（三）等级评价指标的确立

抗药性杂草灾情预警的综合评价指数不仅包含草害程度，而且也包含抗药性杂草分布大小、抗药性出现概率、抗药性杂草种类多少、抗药性类型、防控难易度等多项指标，具体划分如下：构成"安全区—预警区—防控区—重防区"，各等级指标如表 30 所示。

表 30 抗药性杂草灾情预警评价指标分类

等级	抗药性杂草预警指数等级划分			
	安全区（绿色区）	预警区（黄色区）	控防区（橙色区）	重防区（红色区）
综合评价值	0～0.1	0.1～0.3	0.3～0.5	0.5 以上

讨论与结论

本项目稻田定点普查区域面积约为 30 000hm²，占全省稻田面积的 3.5%。7 月止定点调查在杂草多发生区域稻田进行，不同地区调查面积、取样点数存在很大的差异，因此，抗药性杂草灾情预警等级构建与分析的结论，难免出现误差，所以只能代表杂草多发生的调查区域。

从综合评价指标值判断，延边稻区抗药性杂草灾情综合评价指标超 0.5，属于重防区；通化稻区达 0.48，属于控防区与重防区的过渡阶段区；吉林稻区和长春稻区分别达 0.39 和 0.31，属于控防区，松原稻区达 0.28，属于预防区（见附录 4，其中，红色线圈内是重防区，橙色线圈内是控防区，黄色线圈内是预防区，绿色线圈内是安全区）。

六、吉林省稻田抗药性杂草以及其他问题杂草的防控技术措施

（一）抗药性稻稗、耐药性外来入侵杂草杂草稻、稻李氏禾防除技术的研究

1. 抗药性特点

吉林省主稻区稻稗多发生稻田稻稗对插后土壤封闭处理的、目前常规、常用处理的酰胺类（丁草胺或丙草胺）＋黄酰脲类（农得时或草克星）复配剂有效成分中，多数稻田的稻稗对酰胺类还是保持敏感型，表现抗性的样点概率低于 10％；而对黄酰脲类表现出一定程度的抗性，表现抗性的样点概率接近 55％。因此，目前仅靠酰胺类丁草胺＋黄酰脲类农得时（或草克星）复配剂，不能有效防除部分稻田发生的抗药突变型稻稗。

吉林省种稻户如果土壤封闭处理后没能有效防除或再出现的稻稗，只能采取中后期茎叶处理。常用的茎叶处理剂有二氯喹啉酸、五氟磺草胺和氰氟草酯等。抗药性鉴定结果，发生对二氯喹啉酸产生抗性稻稗的样点概率很高，接近 40％；发生对五氟磺草胺和氰氟草酯产生抗性稻稗的样点概率低，而且抗性强度不高，主要集中在延边稻区；3 种茎叶处理剂之间交互抗性概率很低。

除草剂药效试验结果，但苄嘧磺隆商品有效剂量［48g（a.i.）/hm²］的 1 倍和 3 倍药液进行土壤处理时，稻稗感性生态型概率为 44.4％，中抗概率为 27.8％，高抗概率为 27.8％；稻李氏禾种子中抗概率为 100％，根茎繁殖体高抗概率为 100％；杂草稻高抗概率为 100％。

按二氯喹啉酸商品有效剂量［337.5g（a.i.）/hm²］的 1 倍和 3 倍药液进行茎叶喷雾处理时，稻稗感性生态型概率为 61.1％，中抗概率为 16.7％，高抗概率为 22.2％；稻李氏禾种子感性生态型概率为 100％，根茎繁殖体中抗概率为 100％；杂草稻高抗概率 100％。

按五氟磺草胺商品有效剂量［22.5g（a.i.）/hm²］的 1 倍和 3 倍药液进行茎叶喷雾处理时，稻稗感性生态型概率为 66.7％，中抗概率为 22.2％，高抗概率为 11.1％；稻李氏禾种子中抗概率为 100％，稻李氏禾根茎繁殖体高抗概率为 100％；杂草稻高抗概率为 100％。

按氢氟草酯商品有效剂量［90g（a.i.）/hm²］的 1 倍和 3 倍药液进行茎叶喷雾处理时，稻稗感性生态型概率为 77.8％，中抗概率为 11.1％，高抗概率为 11.1％；稻李氏禾种子中抗概率为 100％，根茎繁殖体高抗概率为 100％；杂草稻高抗概率 100％。

2. 化学防除技术

土壤封闭是稻田化学防除杂草的有效、经济、省力、安全的措施，应该提倡依靠土壤封闭措施，有效、经济、省力、安全地防除稻田杂草。

试验结果建议：

如果种稻户采用目前常规除草剂实用技术体系，即丁草胺＋黄酰脲类农得时（或草克星）土壤封闭、中后期二氯喹啉酸茎叶处理后仍然稻稗难防的稻田，建议应该进行抗药类型的鉴定，采取对症下药。

如果是蘼草等莎草科杂草不发生稻田，建议适量增加酰胺类除草剂丁草胺使用剂量，或加强整地质量和施药期的水层管理，提高药效；建议使用含有安全剂的丙草胺。

在茎叶处理中，如果种稻户过去确实使用二氯喹啉酸茎叶处理后仍然难防稻稗时，改用氢氟草酯（商品名：千金）或五氟磺草胺（商品名：稻杰）。稻杰处理对其他稻田杂草有效。

实际生产中，稻田发生多种草类，应该统筹考虑，综合治理，扩大杀草谱，做到一次性施药，达到基本控草的目的（见综合化控部分）。

（二）耐药性外来入侵杂草杂草稻和稻李氏禾综合防除技术的研究

1. 杂草稻耐药性特点

杂草稻是属于稻属的杂草型稻，其起源目前不明。当前。杂草稻已列入全世界三大稻田恶性杂草之一。据历史记载，东北稻区很早开始发生杂草稻，但真正成为问题杂草始于 20 世纪 90 年代。由于杂草稻米粒较小、带颜色，大米加工过程中难以剔除，因此杂草稻大发生不仅导致减产，而且降低商品米等级。

由于杂草稻和水稻具有类似的形态、生理生化特性和对除草剂的反应特点，导致了稻田常用的除草剂在标准剂量下使用并不能有效防除杂草稻的发生，同时由于外观形态上的相似性，生长前期手除难度大。

2. 东北稻区杂草稻分布与发生量变化动态

据文献记载，东北稻区 20 世纪 50 年代杂草稻已出现过，当时称之为"赤稻"。东北稻区杂草稻大发生而演替成稻田问题杂草始于 20 世纪 80 年代。

辽宁省东港稻区杂草稻大发生期始于 20 世纪 90 年代（当地称之为落粒粳），进入 21 世纪开始发生量急剧减少，到 2010 年开始已基本匿迹；而 2005—2008 年，苏家屯稻区杂草稻开始大发生，目前处于个别稻田零星发生状态。

　　吉林省延边稻区杂草稻发生始于 20 世纪 90 年代末。目前，从黑龙江省引种稻区个别稻田零星发生，但未发现同一稻田多年连续发生的现状；舒兰松花江流域还未发现杂草稻多发生稻区（极个别稻田零星发生）以及相关的调查报告。

　　黑龙江省杂草稻发生始于 1988 年。海林稻区在当年引种、直播的普选 23 号水稻品种田里首次发现杂草稻（当地称之为稆生稻）。2005—2008 年为黑龙江省杂草稻发生高峰期，此后开始进入了消退期。目前采取秋翻措施的农垦稻区杂草稻已匿迹，而稻田土壤轻型化耙地农区稻区依然发生（表 31）。

表 31　东北稻区杂草稻发生量变化时期

调查地点		蔓延始期	爆发时期	消减时期	目前发生状况
辽宁	东港	1995—	1997—2002	2010—2014	匿迹
	苏家屯		2002—2007	2010—2014	零星发生
吉林	延边	1998—			零星发生
	舒兰				没有大发生时期
黑龙江	海林	1988—	2005—2008	2011—2014	零星发生
	鸡西	2004—	2005—2008	2010—2012	零星发生

　　在东北稻区的调查结果，适宜杂草生存的稻田周围湿地环境中还未发现杂草稻种群的生境。认为，东北稻区杂草稻是与栽培稻共生于稻田的一种杂草型稻类，杂草稻发生源是稻田。杂草稻种子安全越冬能力虽然比栽培稻种子强，但弱于杂草类种子。

　　东北稻区杂草稻经历出现、蔓延、大发生过程之后，近期进入衰弱态势。从 1988 年到 2014 年水稻成熟后 40d 降水量比较结果，1991 年到 1995 年为晚秋降水量连续偏多时期，1997 年到 2008 年为晚秋降水量连续偏少时期，再从 2009 年到 2014 年遇到了晚秋降水量连续偏多时期（表 32），这一晚秋降水量多寡变化动态与东北稻区 6 个调查点的杂草稻发生量的年变化趋势吻合，说明杂草稻蔓延、大发生到消退与这时期晚秋的降水量有密切关系。同时，稻田杂草稻长期残留也和晚秋土壤湿度有关（如松花江流域的舒兰—五常主稻区为地势低洼、秋冬季稻区湿润而没有大规模发生杂草稻），如秋季断水早的灌区、轻型化土壤耙地稻田，仍连续多年发生杂草稻。因此认为，东北稻区稻田落粒的杂草稻种子只能以"干态"越冬，"湿态"不越冬，种子越冬能力介于杂草类与栽培稻之间。

表32　东北稻区调查点不同年度晚秋降水量（mm）

年份	东港 （10月20 日至11月 30日）	沈阳 （10月10 日至11月 20日）	鸡西 （9月20 日至10月 30日）	海林 （9月20 日至10月 30日）	延吉 （9月20 日至10月 30日）	舒兰 （9月20 日至10月 30日）
1988	6.8	0.7	44.3	38.3	32.8	21.5
1989	44.2	25.6	16.1	14.6	26.5	42.8
1990	48.4	14.6	28.3	**65.1**	14.6	28.0
1991	**107.0**	**93.2**	**62.2**	35.6	**48.1**	**56.1**
1992	**90.4**	**55.6**	**58.7**	**89.5**	**57.0**	38.7
1993	**87.4**	**47.1**	**140.3**	**123.1**	**56.7**	**68.4**
1994	**57.2**	19.4	**106.0**	**66.9**	**120.9**	**79.4**
1995	17.2	23.5	**97.9**	**82.9**	**73.2**	42.3
1996	**52.9**	**58.1**	27.9	28.3	25.4	37.0
1997	14.5	32.2	33.6	29.7	13.0	**58.2**
1998	13.7	42.6	43.6	**52.6**	36.3	36.9
1999	**60.8**	18.8	**50.2**	**60.1**	39.4	26.7
2000	26.1	33.4	**59.9**	33.3	8.2	39.1
2001	13.9	11.2	27.2	45.7	**53.9**	35.2
2002	**62.3**	34.2	41.5	48.7	28.2	**59.3**
2003	**84.3**	**103.7**	22.3	40.6	40.2	**108.8**

（续）

年份	东港 （10 月 20 日至 11 月 30 日）	沈阳 （10 月 10 日至 11 月 20 日）	鸡西 （9 月 20 日至 10 月 30 日）	海林 （9 月 20 日至 10 月 30 日）	延吉 （9 月 20 日至 10 月 30 日）	舒兰 （9 月 20 日至 10 月 30 日）
2004	**87.7**	42.0	24.4	20.2	9.0	18.6
2005	24.0	20.3	35.1	47.7	17.4	**71.4**
2006	27.9	**81.9**	47.9	24.7	41.7	45.7
2007	37.6	35.1	29.3	19.3	**48.0**	30.8
2008	13.7	22.2	33.7	32.5	18.5	37.3
2009	**69.1**	**76.3**	39.0	**51.5**	**48.6**	28.2
2010	**60.2**	**76.7**	**63.4**	43.0	40.1	**50.4**
2011	**73.5**	**46.4**	14.8	17.8	11.5	38.6
2012	**134.8**	**87.1**	**78.8**	**85.8**	**146.5**	**77.8**
2013	**122.4**	**96.4**	**54.7**	42.1	33.8	**49.0**
2014	19.8	9.6	52.4	**104.3**	**56.0**	52.5
均值	54.0	44.8	49.4	49.8	42.4	47.4

　　黑体字：超历年同期平均值的数据。

3. 杂草稻种子休眠特性

　　试验结果表明（表 33），不同纬度稻区自生的杂草稻种子休眠特性有差异。黑龙江省等高纬度地区自生的杂草稻种子无休眠性（休眠性标准：抽穗 50d 后发芽率小于 50％），随纬度的降低而休眠强度增大；高纬度地区自生的杂草稻种子抽穗后成熟速度快于栽培稻种子。抽穗后 36～50d 取样的杂草稻种子除了辽宁省丹东稻区杂草稻、江苏杂草稻以外，其他种子发芽率均在 89％以上，TTC 鉴定结果没发芽种子的胚染红，具有活性。结果说明，东北稻区自生杂草稻种子没有休眠特性；杂草稻种子的休眠特性与其自生地方环境因素、生态类型有关，一般南方地区的籼稻型杂草稻比粳稻型杂草稻休眠特性强。试验结果提示：如果无休眠特性的杂草稻种子在晚秋季节处于多湿环境下，越冬后与栽培稻种子一样导致种胚死亡。

表 33　抽穗后不同时期取样的杂草稻种子发芽率

种子采集地	抽穗后不同时期采样的杂草稻种子发芽率（%）		
	21～35d	36～50d	51～65d
	均值±标准偏差	均值±标准偏差	均值±标准偏差
黑龙江、吉林、内蒙古（34 份）	28±16	97±4	98±3
辽宁（2 份）	4.5±6	59±11	96±3
江苏（2 份）	0	0	25±36
栽培稻（8 份）	1.5±3	42±24	99±1

同时，多数类型杂草稻种子具有早熟、早落、耐低温发芽特点。因此，初秋落粒的种子只要遇到适合的水分和温度条件，当年即可发芽而不可越冬；处于多湿环境的种子能否安全越冬，取决于种子含水量、前期正积温和冷冻期负积温因子的组合效应。

4. 不同水温浸种的杂草稻种子吸水速率

低温条件下杂草稻种子吸水速率比栽培稻慢而低（图 1）。

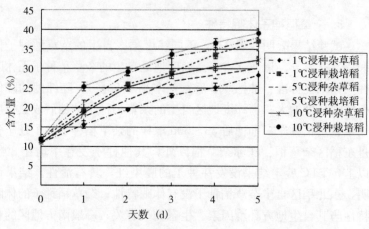

图 1　不同水温浸种的杂草稻种子吸水速率

在低温条件下，要达到稻种种子发芽所需的最低含水量指标＞25％，杂草稻浸种时间比栽培稻多推迟 2～3d。

5. 测定杂草类种子的种皮结构

（1）杂草稻种子种皮分量 测定颖壳、种皮重量结果，杂草稻颖壳比重和种皮比重比栽培稻分别高 11.8％和 47.2％，精米比重低 8.5％（表 34），杂草稻种子的种皮结构体现了野生型植物种子皮厚、保护性强的特征。

表 34 杂草稻和栽培稻种子结构重量比重对比

	颖壳比重（％）	种皮比重（％）	精米比重（％）
栽培稻（5 个品种均值）	17.0±0.62	8.9±1.10	74.2±4.40
杂草稻（5 个品种均值）	19.0±0.94	13.1±1.44	67.9±3.53

（2）杂草稻种子种皮厚度 对不同时期的杂草稻与栽培稻种子外观在显微镜 40 倍下观察结果，杂草稻种子种皮明显厚于栽培稻（彩图 24）；乳熟期与成熟期的切片在 400 倍下观察结果，杂草稻的种皮比栽培稻层多而厚，到成熟期厚度比栽培稻大 1.6 倍（表 35）；在乳熟期观测到杂草稻种子的双层种皮，而且种皮由活性细胞组成（TTC 染红）（彩图 24，彩图 25）。

表 35 杂草稻与栽培稻不同时期种子种皮厚度

	乳熟期		完熟期	
	杂草稻 A	栽培稻 C	杂草稻 B	栽培稻 D
重皮厚度（μm）平均值±标准误差	9.902±1.117	8.545±0.587	9.544±1.512	3.457±0.167

（3）杂草稻种子种皮表面结构 在电镜放大倍数 1 000 倍下可观察到杂草稻种皮横切面厚而紧凑（图 2）；在电镜放大倍数 2000 倍下扫描种皮内外侧结构，杂草稻的内外侧种皮结构与栽培稻种皮结构有明显的区别，杂草稻种皮呈现纵横交错的粗纤维结构（图 3）。

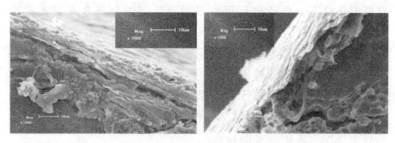

图 2　1 000 倍电镜下的种子种皮横切面状况
（左：杂草稻；右：栽培稻）

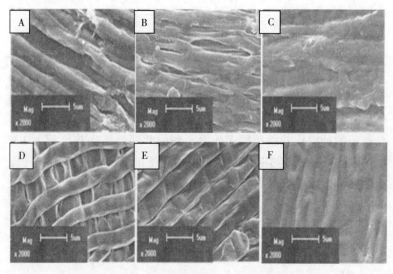

图 3　2 000 倍电镜下的种子种皮内外面状况
A 与 B. 栽培稻种皮外侧　　C. 栽培稻种皮内侧
D 与 E. 杂草稻种皮外侧　　F. 杂草稻种皮内侧

6. 杂草稻种子脂肪酸含量

　　种子富含脂肪的苏子、大豆等种子一般安全越冬能力高。供试杂草稻及栽培稻的脂肪、蛋白质、直链淀粉的含量在品种与品种之间差异不大（表 36）。说明杂草稻安全越冬能力与其脂肪含量无关。

表 36 不同来源杂草稻种子各种成分含量

	脂肪（%）	蛋白质（%）	直链淀粉（%）
杂草稻（11 份）	1.85±0.25	8.07±0.57	13.70±1.95
栽培稻（3 份）	1.85±0.45	8.17±0.78	17.89±2.12

7. 杂草稻种子淀粉酶活性强度

在低温条件下，杂草稻种子淀粉酶活性普遍高于栽培稻近 2 倍（表 37），这种特性也是杂草稻种子低温发芽等耐逆境原因之一。

表 37 低温反应条件下杂草稻与水稻种子淀粉酶的活性

酶反应温度	淀粉酶活性强度 [mg/（g·min）]	
	杂草稻（5 份）	栽培稻（6 份）
10℃	14.71±1.66	7.67±1.88
5℃	12.44±2.17	6.11±1.86

8. 杂草稻种子耐逆境特性

（1）低温条件下种子发芽特征 试验结果，东北稻区自生杂草稻种子在 10℃下第 14 天的发芽率高于 55%，而栽培稻种子在 12℃下才开始发芽（表 38）。说明杂草稻种子在低温条件下的发芽率及萌发速度强于栽培稻种子。杂草稻的耐低温发芽特性一方面有利于耐逆境自然生存，而另一方面限制了在秋季多湿条件下的安全越冬。

表 38 不同来源杂草稻与栽培稻种子耐低温发芽特性

	10℃		12℃	
	发芽率（%）	芽长（cm）	发芽率（%）	芽长（cm）
杂草稻 4 份	61±3.559	0.425±0.096	74.75±5.5	0.825±0.096
栽培稻 4 份	0	0	12.75±15.649	0.075±0.096

（2）**杂草稻种子低温水中的寿命**　在 3℃ 水温下浸种，随浸种时间的延长，杂草稻与栽培稻种子发芽率逐渐降低（表 39），但杂草稻种子的低温水中存活能力远高于栽培稻种子。浸种 2 个月后，栽培稻种子发芽率为 0%，而杂草稻种子存活率能够保持 50% 以上；经 3 个月后个别来源的杂草稻种子存活率很高，对未发芽的种子进行 TTC 染色处理结果（表 39），栽培稻种子胚全部不染色而杂草稻不发芽的 95% 胚已失去活性。

表 39　浸泡在低温水中的杂草稻和栽培稻种子发芽能力

品种	经低温浸泡处理的杂草稻种子发芽率（%）		
	1 个月	2 个月	3 个月
杂草稻（4 份）均值±标准偏差	94.8±6.7	68.2±18.9	12.3±13.7（4±4.7）
栽培稻（4 份）均值±标准偏差	12.9±9.4	0	0（0）

（）：括号内数值为 TTC 染色率。

（3）**萌发的杂草稻种子耐旱能力**　在 4℃ 生物培养箱内，萌发的种子随着晾干处理天数的增加杂草稻和栽培稻种子的成活率明显下降，而杂草稻种子的成活率下降趋势较为平缓（表 40）。到 45d 后 4 份来源不同的杂草稻种子的平均重新发芽率约 50%，而栽培稻仅为 15%。

表 40　不同来源杂草稻和栽培稻萌发态种子耐晾干生存能力

品种	低温晾干不同时间后的成活率（%）		
	15d	30d	45d
杂草稻（4 份）均值±标准偏差	86.94±2.78	63.33±12.40	50.33±12.77
栽培稻（4 份）均值±标准偏差	78.15±3.9	44.44±6.01	14.48±5.10

9. 越冬期不同水分环境下杂草稻种子的死亡率

辽宁东港市、黑龙江海林市秋收后室外越冬期不同水分环境处理结果，两地遮雨处理的秋播区杂草稻和栽培稻种子越冬发芽率均超过 80% 以上，而水层处理和自然越冬处理区的越冬发芽率随时间急剧下降（表 41，表 42）；下降幅度水层处理区大于自然越冬去、东港稻区大于海林稻区。水层处理和自然越冬处理区致死 95% 以上的杂草稻种子越冬期间东港稻区为 3 个月、海林稻区为 5 个月。东港稻区快速死亡原因认为是越冬期温度和降水量大于海林稻区（表 41，表 42）。

表 41 海林稻区越冬期不同水分环境下杂草稻种子的死亡率

| 试验地点 | 试验处理 | 供试材料 | 越冬期种子发芽率（%） | | | | | |
| | | | 2011—2012 | | | 2012—2013 | | |
			1 个月	4 个月	5 个月	1 个月	4 个月	5 个月
海林	水层越冬	吉粳 81	91.2	0.0	0.0	93.2	1.5	0.0
		海林杂草稻	93.7	1.9	1.0	100.0	19.5	1.0
		延边杂草稻	92.3	9.3	1.5	96.4	21.0	2.0
	自然越冬	吉粳 81	90.8	0.0	0.0	97.5	8.0	0.0
		海林杂草稻	94.5	11.3	2.1	100.0	55.0	20.0
		延边杂草稻	93.7	21.8	2.1	100.0	60.5	14.0
	干燥越冬	吉粳 81	93.0	91.9	93.3	99.5	98.5	98.5
		海林杂草稻	96.3	94.5	89.3	100.0	99.0	100.0
		延边杂草稻	95.1	93.4	92.0	94.6	94.0	94.0

表 42 东港稻区越冬期不同水分环境下杂草稻种子的死亡率

| 试验地点 | 试验处理 | 供试材料 | 越冬期种子发芽率（%） | | | | | |
| | | | 2010—2011 | | | 2011—2012 | | |
			1 个月	2 个月	3 个月	1 个月	2 个月	3 个月
东港	水层越冬	吉粳 81	92.3	0.0	0.0	93.3	0.0	0.0
		海林杂草稻	87.0	0.0	0.0	91.0	7.0	0.0
		延边杂草稻	90.7	0.3	0.0	88.0	7.7	0.0
		东港杂草稻	77.0	6.7	0.0	88.3	15.7	0.0
	自然越冬	吉粳 81	98.0	0.0	0.0	98.0	0.0	0.0
		海林杂草稻	87.3	12.0	0.3	87.3	9.0	0.0
		延边杂草稻	91.3	8.7	0.0	91.3	10.7	0.0
		东港杂草稻	81.7	27.7	0.7	81.7	19.0	0.0
	干燥越冬	吉粳 81	95.0	92.3	81.0	99.7	95.7	81.7
		海林杂草稻	97.0	100.0	89.3	94.7	93.0	89.0
		延边杂草稻	91.3	95.0	90.7	96.3	94.7	89.0
		东港杂草稻	93.3	96.0	82.3	91.0	98.0	85.3

目前为止，对杂草稻起源还处于研究之中，而杂草稻的蔓延还在继续，甚至水稻收割机的长距离移动作业为杂草稻种子的快速、长距离传播提供了条件。由于杂草稻与栽培稻亲缘关系、生物生态学特征及生理生化特点相近，因此稻田常用除草剂均对杂草稻没有显著防除效果，而且生长早期手除难，如果控其不力，易演替成稻田问题杂草。杂草稻的野生型特征，造就了其抗逆性强、竞争能力强，与栽培稻竞争中，占绝对优势种地位。另一方面，杂草稻和栽培稻相似特型，为常规农艺措施致死稻田落粒的杂草稻种子提供了可行性。

研究结果，东北地区野外湿地未发现自生杂草稻种群，所以东北稻区杂草稻认为是一种伴生与水稻的杂草型稻，离开稻田不能生存。东北稻区虽然20世纪50年代已发现杂草稻，但成为稻田问题杂草开始蔓延始于90年代初，21世纪进入了衰弱态势。过去东北稻区杂草稻发生严重的辽宁东部的东港稻区，黑龙江东部的牡丹江垦区等杂草稻大发生区目前处于匿迹状态，而晚秋初冬降水量少的西部稻区、秋季断水早的地势高的灌区以及轻型化土壤耕作措施为主的稻田成为杂草稻残留稻区。

东北稻区稻田落粒的杂草稻种子只能以"干态"安全越冬，"湿态"种子越冬期死亡的主要原因在于其无休眠性；而自然状态下杂草稻种子安全越冬能力强于栽培稻种子的主要原因在于其种皮结构，不在于种子成分。与栽培稻相比，杂草稻种子种皮厚而吸水速率低，在低温水中生存能力强，萌发种子的耐旱性强；而杂草稻种子与栽培稻种子的脂肪酸、蛋白质含量差异不大。低温条件下种子萌发期杂草稻的淀粉酶活性高于栽培稻，说明，杂草稻种子一方面耐低温发芽能力强，而另一方面秋季发芽冬季冻死提供了可能性。

越冬期稻田落粒的杂草稻种子致死效果与种子含水量、所处微环境的温度有关。秋季积温高利于杂草稻种子发芽；冬季寒冷、积温低利于冻死胚。因此，低洼稻田不会大发生杂草稻；遇到秋冬降水多的年份，翌年大大降低杂草稻大发生。凡是越冬期提高杂草稻种子含水量的秋灌、耕翻埋种等措施，可降低杂草稻种子安全越冬系数。

（三）耐药性外来入侵杂草稻和稻李氏禾综合防除技术研究

试验结果，对水稻安全的除草剂也对杂草稻安全，杂草稻种子安全越冬能力介于杂草种子和水稻种子之间。杂草稻只能利用"稻田落粒的水稻种子不能安全越冬"的原理和"杂草稻种子秋季早熟、极易落粒、无休眠性"的特征，采取能提高稻田落粒的杂草稻种子含水量的灌水措施、土壤耕翻措施，能够冻死稻田越冬种子。实际上，秋冬季多雨、多雪年份的翌年，杂草稻发生量大幅减弱。

辽宁东港市、黑龙江海林市秋收后室外越冬期不同水分环境处理结果表明，两地遮雨处理的秋播区杂草稻和栽培稻种子越冬发芽率均超过80%以上；而水层处理和自然越冬处理区的越冬发芽率随时间急剧下降；下降幅度水层处理区大于自然越冬区、东港稻区大于海林稻区。水层处理和自然越冬处理区致死95%以上的杂草稻种子越冬期间东港稻区为3个月、海林稻区为5个月。东港稻区快速死亡原因认为是越冬期温度和降水量大于海林稻区。

东北稻区稻李氏禾主要以根茎越冬繁殖，种子具有休眠特性，根茎繁殖以根茎部位新生侧芽再生，越冬期侧芽无休眠性，靠耐低温特性越冬（晚秋取样室内培养立即绿色侧芽冒出），稻田常用除草剂对稻李氏禾种子繁殖具有一定的防效，但根茎繁殖再生苗的防效均较差，导致稻李氏禾难以防除。目前稻田多数采取春季轻型耙地的耕作措施，这在一定程度上助长了多年生杂草的发生。在对稻李氏禾根茎进行不同的处理中，由于稻李氏禾的根茎在土壤中分布比较浅，如果采取秋翻导致其赖以繁殖的根茎暴露在地表面,使其置于干燥、低温的环境中导致冻死。

试验结果表明,秋季翻地对稻李氏禾根茎的防除率达84.9%,春季耙地对稻李氏禾根茎的防除率仅为36.8%,两种耕作措施对稻李氏禾根茎的防除效果差异显著($P<0.05$),采取秋季翻地使稻李氏禾根茎死亡,对稻李氏禾的防除起到较好的效果(表43至表46)。

表 43　秋季吉林省龙井稻区越冬期不同水分环境下杂草稻种子的死亡率

试验地点	越冬条件	品种来源	不同越冬持续期种子发芽率(%)		
			2 个月	3 个月	4 个月
龙井	水层越冬	吉粳 81	12.7	0	0
		海林杂草稻	63.0	2.7	0
		延边杂草稻	51.3	0	0
		丹东杂草稻	31.0	3.0	0
	自然越冬	吉粳 81	84.0	15.7	0
		海林杂草稻	87.0	47.7	0
		延边杂草稻	92.0	52.0	0
		丹东杂草稻	84.3	54.3	0
	干燥越冬	吉粳 81	92.3	63.0	51.3
		海林杂草稻	94.0	90.3	83.7
		延边杂草稻	98.0	79.0	78.0
		丹东杂草稻	93.7	76.7	63.3

表 44　几种稻田常用除草剂对稻李氏禾的防除效果

	二氯喹啉酸		五氟磺草胺		苄嘧磺隆	
	株防效(%)	鲜重防效(%)	株防效(%)	鲜重防效(%)	株防效(%)	鲜重防效(%)
种子实生苗	100	100	0	42	48	81
根茎再生苗	0	46	0	21	34	60

表 45 不同越冬状态下稻李氏禾根茎的再生情况

处理	调查时间		
	0d	20d	40d
室外（自然越冬）	—	正常	正常
室内（干燥越冬）	正常	少	无
冰箱（−20℃）	—	极少	无

表 46 不同耕作方法对稻李氏禾根茎的防控效果

机械措施	越冬数（100m²）	出苗数（100m²）	防除率（%）
春耙地	209.7	120.3	36.8a
秋翻耙地	176.3	22.7	84.9b

（四）对黄酰脲类除草剂抗药的慈姑、雨久花有效的防除措施

东北地区稻田发生的慈姑类（狭叶慈姑、慈姑和松原变种慈姑）和雨久花野生型（敏感性）对目前稻田土壤封闭处理的苄嘧磺隆和吡嘧磺隆极其敏感，虽然慈姑球茎分布于犁底层、出苗时期偏晚而影响药效，但过去一直不属于稻田问题杂草范围。

近几年由于出现抗黄酰脲类突变型，才引起重视。吉林省主稻区抗黄酰脲类突变型慈姑、雨久花发生样点概率很高，延边稻田抗黄酰脲类突变型慈姑、雨久花发生样点概率分别为12.5%和8.8%，而且抗药性强度大。这些稻田仅靠稻田常规用的黄酰脲类除草剂不可能有效防除与根治。所以，吉林省慈姑大发生稻田不得不采取中后期茎叶处理方法防除稻田发生的慈姑与雨久花。主要除草剂为2甲4氯（对孕穗期水稻已发生药害）、灭草松和稻杰，均有良好的防效。遗憾的是，茎叶处理方法很难达到根治的效果，没接触药的个体繁殖后代，翌年还继续发生。

目前由于种稻户对慈姑、雨久花抗药性的认识不足，出现种植户盲目过量、过次数打药的现象。因此对难防慈姑、雨久花地区，必须进行抗药类型的鉴定，对症下药。同时要考虑防除稻稗、莎草类杂草等其他稻田常发生的问题杂草，建立综合治理，扩大杀草谱，做到一次性施药，达到基本控草的目的（这一部分见综合化控部分）。

（五）其他主要问题杂草的防除方法

除了上述抗药性杂草以外，吉林省主稻区还发生莎草科的藨草、萤蔺、牛毛毡及菊科的狼巴草等，这类杂草在部分稻田仍占据优势种地位。多年生莎草科杂草本身属于恶性杂草，对除草剂具有一定的耐药性。至于是否出现抗药生态型？有待于进一步调查、鉴定。目前有效防除藨草、萤蔺、牛毛毡、狼巴草等问题杂草的除草剂主要是以 ALS 为靶标的黄酰脲类、咪唑啉酮类除草剂、（三唑并嘧啶）磺酰胺类除草剂、嘧啶氧（硫）苯甲酸酯类除草剂，如农得时、草克星、稻杰等。试验结果，上述四大类除草剂虽然是攻击靶标都是抑制 ALS 活性，但四大类除草剂与 ALS 分子结合部位有所不同，在 ALS 基因抗药性突变中，出现交叉抗性、复合抗性的概率很低。目前，如果存在抗药突变型也不过是抗黄酰脲类除草剂的突变型。因此，确定抗黄酰脲类除草剂的抗药突变型发生，应及时改用其他类 ALS 活性抑制剂。

（六）稻田综合防除方法

目前吉林省稻田杂草发生量并未减少，总体杂草灾情没有加重，但反过来化学除草剂的使用量增加、防控技术难度越来越复杂化。特别是城市郊区的稻田除草剂使用量、次数已超安全使用标准。

对此建议：

(1) 提倡深耕措施 蔗草、萤蔺、牛毛毡、慈姑等多年生杂草和稻李氏禾、杂草稻外来入侵杂草多发生稻田，不要连续多年的轻型化整地措施（包括免耕、只耙地等），应采取秋翻整地措施，因鼓励、提倡隔2～3年的稻田耕翻，消除多年生杂草营养繁殖体富集的土壤库，破坏年生杂草营养繁殖体赖以安全越冬生存的土壤库环境，同时可提高除草剂的药效发挥，提高水稻产量。

(2) 合理利用灌水资源 稻田"旱生杂草"，实际稻田有灌水层对稻稗等小粒种子杂草的防除效果很明显。如果水资源丰富的稻田（如山沟中的自然灌溉稻田），提倡泡田；插秧后除草剂封闭期，必须满足3～5cm的水层，保证除草剂药效的正常发挥等。

(3) 建立较长期的控草目标 对于杂草种类多、化控难的稻田，应该调查优势问题杂草种，设计每年度（或阶段）控草目标，采取对症下药的方法。从灾情大的、抗药性的、外来入侵的杂草种开始先重点防除、消除，通过多年逐步分批次地消除各种问题杂草种类。

(4) 采用复配除草剂的体系处理 目前靠单一除草剂或复配剂一次处理很难有效、安全地防除杂草灾情。因此种稻户采取土壤封闭处理时加大除草剂使用剂量，土壤封闭剂没能控制的杂草到中后期进行茎叶处理。问题在于茎叶处理只能解决当年的杂草灾情，不能有效根除杂草发生源（除草剂没喷到的个体），每年重复茎叶处理，同时茎叶处理费工费时，对水稻的药害和稻粒农药的残留相对土壤处理大。

因此建议，土壤耙地作业时，使用适宜除草剂进行稻田全层封闭处理、之后插秧、完全返青后再进行稻田土壤处理的除草剂使用体系措施。

稻田土壤耙地作业时，全层封闭处理适宜除草剂目前为乙氧氟草醚、噁草酮两种。两种除草剂均属于触杀性、杀草谱较广的低毒除草剂类型，但对多年生恶性杂草防除效果差。本试验结果，乙氧氟草醚、噁草酮对水稻未产生药害症状，从杂草防除效果分析，对慈姑、雨久花的防效好。另外，辽宁省东港稻区把丙草胺除草剂作为耙地时用的全层封闭剂普遍使用。

除草剂安全使用不应该全层施药。如果毒性大的接触到根系生长点，会引起除草剂的药害。种稻户如果确实采取翻地、灌水等农艺措施等有难度，想依靠化控方法控草，建议使用乙氧氟草醚、噁草酮作为耙地时使用。但应注意几点：①沙地土壤禁用；②耙地要均匀、药剂散开均匀；③禁止插弱秧苗田使用；④施药后保持表层水状态、插秧后初期不要深灌。

（七）反抗黄酰脲类 ALS 除草剂研发进展

除草剂新结构的发现是一项高投入的难度大的创新工程。为了省时、省力、省费用，新药一般采用辅助药物设计方法。计算机辅助药物设计的方法始于 20 世纪 80 年代早期。计算机辅助药物设计的分子对接法是基于受体的，是通过 X-单晶衍射技术等获得受体大分子结合部位的结构，并且采用分子模拟软件分析结合部位的结构性质，如静电场、疏水场、氢键作用位点分布等信息。然后再运用数据库搜寻或者全新药物分子设计技术，识别得到分子形状和理化性质与受体作用位点相匹配的分子，合成并测试这些分子的生物活性，经过几轮循环，即可以发现新的先导化合物。因此，计算机辅助药物设计大致包括活性位点分析法、数据库搜寻、全新药物设计。即将小分子配体（药物）对接到受体（靶标）的活性位点，并搜寻其合理的取向和构象，使得配体与受体的形状和相互作用的匹配最佳。分子对接由于从整体上考虑配体与受体的结合效果，所以能较好地避免其他方法中容易出现的局部作用较好、整体结合欠佳的情况。具代表性的分子对接软件主要有 DOCK、FlexX 和

GOLD。DOCK 程序现已成功地应用于药物分子设计领域。Kuntz 等利用 DOCK 程序研究 HIV-1 蛋白酶，根据分子相似性对剑桥晶体数据库进行搜寻，得到化合物 haloperidol，通过测试，其对 HIV-1 蛋白酶的 Ki 值为 $100\mu mol/L$；进一步的结构改造得到化合物 thioletal，其 IC50 高达 $15\mu mol/L$。DesJarlais 利用 DOCK 程序的一个改进版 target-DOCK 搜寻 HIV-1 蛋白酶抑制剂，得到一系列 HIV-1 蛋白酶抑制剂，其中活性最高的化合物其 Ki 值为 $7\mu mol/L$。

　　黄酰脲类除草剂是高效、安全型除草剂种类，但目前由于突变发生抗黄酰脲类除草剂的生态突变型，逐年丧失其优势特点，亟待研发能够有效防除对目前黄酰脲类常用除草剂表现抗性的突变型的广谱性反抗类新结构化合物。

　　对此，由延边大学、南开大学合作的本课题组承担了国家自然科学基金项目"杂草抗药突变型 ALS 与其抑制剂相互作用的分子机理"等课题，课题组首先利用计算机辅助虚拟药物设计之一的分子对接法（DOCK Method）、定量构效关系（QSAR）动力学分析法进行了 ALS 活性位点的筛选、ALS 活性位点氨基酸残基与辅酶、底物及其活性抑制剂结构之间分子对接，分析了彼此之间的分子亲和力，分析结果发现，植物体内 ALS 催化分支氨基酸过程中由两个单体 ALS（或亚基）对接在一起形成二聚体；抑制剂化合物对接与两个单体 ALS（或亚基）对接的二聚体之间（彩图 26）；ALS 第 197 位不同氨基酸替代突变的不同，抗药性 ALS 与其抑制剂（如吡嘧磺隆、苄嘧黄隆等）之间分子亲和力下降；如修饰改变黄酰脲类化合物杂环中的某些基团时，能够得到对包括 ALS 第 197 位抗药突变型 ALS 在内的、感抗性 ALS 表现高亲和力的广谱型黄酰脲类 ALS 抑制剂新的除草剂结构（表 47），通过分子动力学模拟分析获得了新的除草剂结构与第 197 为氨基酸突变的抗感 ALS 结合模型（图 4）。

表 47 所设计、筛选的高亲和力的 5 种黄酰脲类新结构分子式

名称	分子式
Chlorimuron ethyl（normal herbicide）	C15 H15 Cl N4 O6 S
newSU _ 425	C10 H8 Cl N7 O7 S
newSU _ 443	C9 H8 Cl N7 O6 S
newSU _ 421	C9 H8 Cl N7 O6 S
newSU _ 422	C15 H12 Cl N7 O8 S
newSU _ 358	C10 H8 Cl N7 O7 S

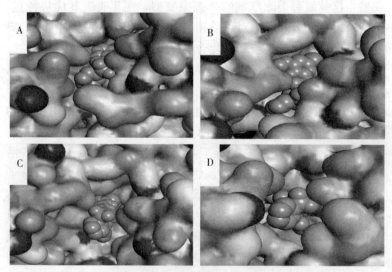

图 4 第 197 为氨基酸突变的抗感 ALS 与除草剂结合结构模型
A. 野生型 ALS B. 197 位苏氨酸替代突变体
C. 197 位丙氨酸替代突变体 D. 197 位丝氨酸替代突变体

　　总之，采用计算机辅助药物设计方法之一的分子对接法（DOCK Method）、分子动力学（Molecular Dynamics）分析结果，发现植物体内 ALS 催化分支氨基酸过程中由两个单体 ALS（或亚基）对接在一起形成二聚体参与催化反应；以野生型和 ALS 第 197 位不同氨基酸替代突变的不同抗药性 ALS 作为靶标、以修饰黄酰脲类化合物杂环中的某些基团的新结构为抑制剂，采用分子对接-动力学模拟法分析靶标与抑制剂间分子亲和力结果，能够筛选出与感抗靶标酶均具有高亲和力的新的黄酰脲类化合物结构类。如果设计、筛选、合成反抗类的新的除草剂，则能够有效、广谱性防除目前发生的抗药突变型杂草。

吉林稻区杂草防除示范推广情况见表 48。

表 48　2014 年吉林稻区杂草防除示范推广试验概况

龙井市示范区

地点	除草剂配方（每公顷用量）	面积（hm²）	药效与药害
龙井市智新镇	24%乙氧氟草醚（耙地）：200mL/hm² 插后：50%丙草胺 1L＋10%吡嘧磺隆 250g	10	效果较好。慈姑、雨久花少。主要杂草为稗草（土壤处理时过大）
	35%噁草酮（耙地）：1 200 mL/hm² 插后：50%丙草胺 1L＋10%吡嘧磺隆 250g	2	效果较好。慈姑、雨久花少。主要杂草为稗草（土壤处理时过大）
	插后：50%丙草胺 1L＋10%吡嘧磺隆 250g 中期茎叶处理：苯达松＋二甲四氯	10	效果较差。慈姑、雨久花、莎草后期发生。补打茎叶处理剂
	插后：60%丁草胺 2.2L＋10%吡嘧磺隆 250g 中期茎叶处理：苯达松＋二甲四氯	30	效果较差。慈姑、雨久花、莎草后期发生。补打茎叶处理剂
	插后：10%吡嘧磺隆 250g＋30%莎稗磷 1L	1	效果较差。慈姑、雨久花、莎草后期发生
龙井市农学院	秋翻地 插后：50%丙草胺 1L＋10%吡嘧磺隆 250g		效果尚可。后期发生稻李氏禾。补打稻杰

稻田抗药性杂草

延吉市示范区

地点	除草剂配方（每公顷用量）	面积（hm²）	药效与药害
延吉市朝阳川镇勤劳、太东、九水河稻区	插后：50%丙草胺 1L＋10%吡嘧磺隆 250g 中期茎叶处理：苯达松＋二甲四绿	20	效果较差。慈姑、雨久花、莎草后期发生。补打茎叶处理剂
	插后：60%丁草胺 2.2L＋10%吡嘧磺隆 250g 中期茎叶处理：稻杰	45	效果较差。稗草、慈姑、雨久花、莎草后期发生。补打茎叶处理剂
	24%乙氧氟草醚（耙地）：200mL/hm² 插后：50%丙草胺 1L＋10%吡嘧磺隆 250g	10	效果较好。慈姑、雨久花少。主要杂草为稗草
	35%噁草酮（耙地）：1 200mL/hm² 插后：50%丙草胺 1L＋10%吡嘧磺隆 250g	10	效果较好。慈姑、雨久花少。主要杂草为稗草

通化柳河示范区

地点	除草剂配方（每公顷用量）	面积（hm²）	药效与药害
通化地区梅河口市柳河县稻区	50%丙草胺 1L＋10%吡嘧磺隆 250g（插后） 中期茎叶处理：稻杰	10	效果较好。慈姑、雨久花少。主要杂草为稗草。补打稻杰
	丁草胺 60%的 2.2L＋10%吡嘧磺隆 250g（插后） 中期茎叶处理：稻杰	5	效果较差。慈姑、雨久花少。主要杂草为稗草。补打稻杰
	24%乙氧氟草醚（耙地）：200mL/hm² 插后：50%丙草胺 1L＋10%吡嘧磺隆 250g	10	效果较好。慈姑、雨久花少。主要杂草为稗草
	35%噁草酮（耙地）：1 200mL/hm² 插后：50%丙草胺 1L＋10%吡嘧磺隆 250g	10	效果较好。慈姑、雨久花少。主要杂草为稗草

毒土法，插秧后 5~10d 内使用。保水 3~5cm，4~5d。

附　录

附录 1　除草剂（单剂、复配剂）有效成分、商品名称及其特性

1. 苯氧羧酸类除草剂

本类除草剂具有如下通性：①均作苗后茎叶处理；②该类药剂是属于激素类的输导型选择性除草剂；③药效、药害出现畸形；④对禾本科杂草无效；⑤过量使用易造成药害，特别是孕穗期。

主要常用品种有：

（1）2,4-滴丁酯。其他名称：2,4-D　butylate.

（2）2 甲 4 氯。其他名称：MCPA、MCP。制剂为 2 甲 4 氯钠盐。

2. 喹啉羧酸类除草剂

二氯喹啉酸。其他名称：快杀稗、杀稗特、神锄、Quinclorac。二氯喹啉酸是防治稻田稗草的特效选择性除草剂，对水稻安全，能有效地杀死 4～7 叶期稗草。胡萝卜、当归等伞形科植物对二氯喹啉酸特敏感，使用时注意飘移。

3. 芳氧苯氧基丙酸类除草剂

本类除草剂具有如下通性：①该类除草剂均作苗后茎叶处理；②该类药剂是属于非激素类的输导型选择性除草剂；③抑制乙酰辅酶-A 羧化酶活性而阻碍脂肪酸合成，最终杀死杂草；④

对阔叶杂草无效。此类除草剂对禾本科杂草特效，往往由于非禾本科作物地（包括经济作物、蔬菜、苗圃）的中后期禾本科杂草防除。但值得注意的是除草剂千金用于稻田，对水稻安全，对禾本科杂草特效。

主要常用品种有：

（1）吡氟氯禾灵。其他名称：盖草能、Haloxyfop-methyl。有效成分含量高的还有精盖草能，Haloxyfop-P-methyl。

（2）吡氟禾草灵。其他名称：稳杀得、Fluazifop-butyl。有效成分含量高的还有精稳杀得、Fluazifop-P-butyl。

（3）喹禾灵。其他名称：禾草克、Quizalofop-ethyl。有效成分含量高的还有精禾草克、Quizalofop-P-ethyl。

（4）氰氟草酯。其他名称：千金、Cyhalofop-butyl。稻田常用。

4. 环己烯酮类除草剂

本类除草剂具有如下通性：①该类除草剂均作苗后茎叶处理；②该类药剂是属于非激素类的输导型选择性除草剂；③抑制乙酰辅酶-A 羧化酶活性而阻碍脂肪酸合成，最终杀死杂草；④对阔叶杂草无效。此类除草剂对禾本科杂草特效，往往由于非禾本科作物地（包括经济作物、蔬菜、苗圃）的中后期禾本科杂草防除。

主要常用品种有：

（1）烯草酮。其他名称：赛乐特、收乐特、Clethogim。

（2）烯禾啶。其他名称：拿捕净、Sethoxydim。

5. 酰胺类除草剂

本类除草剂具有如下通性：①除了敌稗以外酰胺类除草剂是土壤处理剂；②这一类除草剂是输导型除草剂；③主要抑制细胞生长和分裂；④对多年生恶性杂草防效低；⑤土壤干旱时药效低。

主要常用品种有：

（1）丁草胺。其他名称：马歇特、灭草特、去草胺、Butachlor。稻田常用。

（2）丙草胺。其他名称：瑞飞特（丙草胺加了安全剂）、Pretilachlor。稻田常用。

（3）苯噻酰草胺。其他名称：苯噻草胺、Mefenacet。稻田常用。

（4）乙草胺。其他名称：Acetochlor。旱田常用。

（5）甲草胺。其他名称：拉索、Alachlor。旱田、经济作物地常用。

（6）异丙甲草胺。其他名称：都尔、Metolachlor。还有高效异丙甲草胺。旱田、经济作物地常用。

（7）萘氧丙草胺。其他名称：大惠利、敌草胺、Napropamide。旱田、特殊经济作物地常用。

6. 三氮苯类除草剂

本类除草剂具有如下通性：①均属于输导型选择性除草剂；②不同植物对三氮苯类除草剂的敏感性或耐药性有差异，主要决定于药剂在其体内的降解速度。例如，玉米体内含有玉米酮（MBOA），可促使莠去津羟化而失去活性；③三氮苯类除草剂，主要是抑制植物光合作用的希尔反应导致杂草死亡；④三氮苯类除草剂在土壤中的吸附能力较强，持效期长，但对后茬敏感作物有影响。

主要常用品种有：

（1）莠去津。其他名称：阿特拉津、Atrazine。旱田常用。

（2）嗪草酮。其他名称：赛克津、Metribujin。旱田常用。

（3）扑草净。其他名称：Prometryn。稻田、水稻苗床地、旱田常用。

7. 二硝基苯胺类除草剂

本类除草剂具有如下通性：①二硝基苯胺类除草剂均为触杀型除草剂，当杂草种子发芽生长穿过药层时，接触药剂而致死；②二硝基苯胺类除草剂主要是被杂草的幼芽或幼根吸收，被吸收的药剂在植物体内不转移，故都做土壤处理使用；③该类药剂的除草作用机制是抑制细胞分裂以阻碍根部和幼芽生长；④二硝基苯胺类除草剂特别是甲基苯胺类药剂的挥发性较强，所以施药后混入土层内以防止挥发或光解；⑤地膜覆盖或经济作物地常用。

主要常用品种有：

（1）氟乐灵。其他名称：Trifuralin。旱田、经济作物地常用。

（2）二甲戊乐灵。其他名称：除草通、除芽通、施田补、Pendimethalin。旱田、经济作物地常用。

8. 氨基甲酸酯类

主要常用品种有：

（1）禾草敌。其他名称：禾大壮、Molinate。稻田常用。

（2）杀草丹。其他名称：禾草丹、稻草丹、灭草丹、Thiobencarb。稻田常用。

（3）甜菜宁。国际通用名称：Phenmediphen。甜菜田常用。

9. 乙酰乳酸合成酶（ALS）抑制剂除草剂

目前，ALS抑制剂除草剂种类是代表高效、安全除草剂种类的类型，种类、品种多。具有代表性的除草剂种类有：①磺酰脲类；②咪唑啉酮类；③嘧啶氧（硫）苯甲酸酯类；④三唑并嘧啶磺酰胺类；⑤嘧啶水杨酸类。

ALS抑制剂除草剂种类通性：①高效低成本；②抑制乙酰乳酸合成酶活性导致感性植物不能合成三种分支必需氨基酸死亡；③选择性主要是作物体内进行钝化反应，降解为无活性的物质；④但对哺乳动物、鱼类及环境的毒性低。

磺酰脲类除草剂主要常用品种：

（1）苄嘧磺隆。其他名称：农得时、威农、威龙、Bensul-furon-methyl。稻田常用。

（2）吡嘧磺隆。其他名称：草克星、水星、韩乐星、克草星、Pyrazosulfuron-ethyl。稻田、草坪常用。

（3）乙氧嘧磺隆。其他名称：太阳星、Ethoxysulfuron。稻田、麦田常用。

（4）四唑嘧磺隆。其他名称：康宁、Azimsulfuron。稻田常用。

（5）醚磺隆。其他名称：煞多伏、Cinosulfuron。稻田常用。

（6）唑吡嘧磺隆。其他名称：Imazosulfuron。稻田、草坪常用。

（7）环丙醚磺隆。其他名称：金秋、cyclosulfuron。稻田常用。

（8）嘧啶磺隆。其他名称：Flazasulfuron。草坪常用。

（9）烟嘧磺隆。其他名称：玉农乐、Nicosulfuron。玉米地常用。

（10）氟嘧磺隆。其他名称：Primisulfuron。玉米地常用。

（11）氟磺隆。其他名称：Prosulfuron。玉米、高粱、禾本科牧草地常用。

（12）氯嘧磺隆。其他名称：豆磺隆、豆威、Chlorimuron。大豆地常用。

（13）环氧嘧磺隆。其他名称：大能、Oxasulfuron。大豆地常用。

（14）苯磺隆。其他名称：巨星、Tribenuron。小麦、大麦地常用。

咪唑啉酮类除草剂主要常用品种：

（1）甲氧咪草烟。其他名称：金豆、Imazamox。大豆、花生和甜菜地常用。

（2）甲基咪草烟。其他名称：百垒通、Imazapic。花生地常用。

（3）咪唑乙烟酸。其他名称：普施特、豆草特、Imazethaqyr。

大豆地常用。

嘧啶氧（硫）苯甲酸酯类常用品种：

（1）双草醚。其他名称：农美利、Bispyribac。稻田常用。

（2）嘧啶肟草醚。其他名称：韩乐天、Bispyribenzoxim。稻田常用。

三唑并嘧啶磺酰胺类除草剂主要常用品种：

五氟磺草胺。其他名称：稻杰、Penoxsulam。稻田常用。

10. 对羟苯基丙酮酸双氧化酶（HPPD）抑制剂

对羟苯基丙酮酸双氧化酶活性抑制剂是高效安全性除草剂，近几年研发速度很快，陆续成功研发出三酮类、异噁唑类除草剂品种。

11. 原卟啉原氧化酶抑制剂

原卟啉原氧化酶抑制剂是高效安全性除草剂，近几年研发速度很快，陆续成功研发出吡唑类、噁二唑酮类（农思它）、噁唑啉二酮类（噁嗪酮）、咪唑二酮类等除草剂品种。主要毒性症状为黄化、白化现象。

12. 二苯醚类触杀除草剂

氟磺胺草醚（Fomesafen，虎威）是由英国捷利康公司开发的二苯醚类触杀除草剂，在大豆、果树、橡胶园等作物地的阔叶杂草防除上占有重要地位，其推荐使用量为 $250\sim375g/hm^2$。随着大豆农田杂草群落演替，难治杂草增多，近年来其使用量及使用面积均有所增加，但过量使用易引起十字花科植物的残留药害。

乙氧氟草醚（Oxyfluorfen）选择性芽前或芽后除草剂。乙氧氟草醚为触杀型除草剂。在有光的情况下发挥其除草活性。主要通过胚芽鞘、中胚轴进入植物体内，经根部吸收较少，并有极微量通过根部向上运输进入叶部。

用于水稻、小麦、棉花、圆葱、花生、大豆、甜菜、果树和蔬菜田芽前、芽后施用防除稗草、旱雀麦、狗尾草、曼陀罗、匍匐冰草、豚草、苘麻、单子叶和阔叶杂草。其非常抗淋溶。可制成乳油使用。

可防除移栽稻、大豆、玉米、棉花、花生、甘蔗、果园、蔬菜田和森林苗圃的单子叶和阔叶杂草。陆稻施药可与丁草胺混用；在大豆、花生、棉花田等施药，可与甲草胺、氟乐灵等混用；在果园等处施药，可与百草枯、草甘膦混用。

13. 噁二唑酮类

噁草酮是一种环状亚胺类选择性触杀型芽前、芽后土壤处理除草剂，药剂通过杂草幼芽或幼苗与药剂接触、吸收而起作用。苗后施药，药剂通过杂草地上部分吸收，进入植物体后积累在生长旺盛部位，在有光的条件下，使触药部位的细胞组织及叶绿素遭到破坏，分生组织停止生长，最终致使杂草幼芽枯萎死亡。本剂在光照条件下才能发挥杀草作用，但并不影响光合作用的希尔反应。杂草自萌芽至2～3叶期均对该药敏感，以杂草萌芽期施药效果最好，随杂草长大效果降低。噁草酮持效期较长，旱作田可达60d以上，在土壤中代谢较慢，半衰期为3～6个月。噁草酮有与丁草胺、乙草胺混配生产的复配除草剂。

噁草酮适用于水稻、陆稻、大豆、花生、马铃薯、大蒜、葱、洋葱、韭菜、芦笋、芹菜、豇豆、菜用豌豆等多种作物、蔬菜田，能有效防除稗草、狗尾草、马唐、牛筋草、虎尾草、看麦娘、雀麦、反枝苋、凹头苋、刺苋、藜、小藜、刺藜、灰绿藜、铁苋菜、马齿苋、葬菜、蓼、龙葵、苍耳、田旋花、鸭蹄草、婆婆纳、鸭舌草、雨久花、泽泻、矮慈姑、节节菜、水苋菜、牛毛毡、千金子、雀稗、异型莎草、球花碱草、瓜皮草、节节草等多种一年生禾本科杂草及阔叶杂草。

14. 灭生性除草剂

（1）百草枯。其他名称：克芜踪，Paraquat。

杀草特性：百草枯属于触杀型无选择性除草剂，能迅速被植物绿色组织所吸收。百草枯在土壤中会迅速失去活性，主要是土壤吸附性强。施药 1～2d 后播种无药害。百草枯用于叶面处理，作用迅速，施药 5～10h 后即可使杂草植株萎蔫，叶片失绿干枯，2～3d 内植株全部死亡。对一年生杂草防除效果特别好。对多年生靠地下根茎生长的杂草，只能杀死地上的绿色茎、叶或抑制其生长，不能毒杀地下根茎，防除不彻底。

（2）草甘膦。其他名称：农达、Glyphosate。

杀草特性：草甘膦是输导型无选择性除草剂。草甘膦在土壤中由于微生物与化学降解而很迅速地钝化，因此草甘膦土壤处理无效，施药 1～2d 后播种无药害。草甘膦只能通过植物茎、叶吸收，吸收的草甘膦向地下与地上的生长部位输导，使多年生地下根、茎导致分生组织开始死亡失去再生能力，药症出现较缓慢。另外，目前国外开发、推广抗丁氨酸膦、草甘膦的玉米、大豆品种，使低成本高效的灭生性除草剂安全用于作物生产当中。但值得注意的是抗性基因向杂草类飘逸与抗性作物的杂草化问题。

如果夏季播种作物（包括经济、药用、蔬菜类植物）时，春季诱发杂草后使用灭生性除草剂起到很好的除草效果。同样，如果要种植很难采用化学除草措施的特殊植物类时，利用杂草与种植植物出土时间差或定向喷雾法或提前一年使用灭生性除草剂措施，也能做到无选择性的灭生性除草剂在农田利用。

15. 其他杂环类除草剂

（1）苯达松。其他名称：排草丹、灭草松、Bentazone。

苯达松属于输导型选择性除草剂。其作用机制主要是抑制光合作用。对稻田、大豆安全，茎叶处理可防除豆田、水稻田的藜科、苋科、菊科杂草及鸭跖草、马齿苋、问荆、牛毛草、慈姑、雨久花、蔗草等杂草。

（2）广灭灵。其他名称：Dimethazone。

广灭灵为输导型选择性除草剂，由根部和幼芽吸收，向上输导到叶部，抑制敏感植物叶绿素及胡萝卜素的合成，致使缺素而逐渐死亡。大豆能迅速将其代谢，故不受伤害。主要用于大豆、花生、马铃薯和烟草地。用药量因土质不同，应根据土质而定。由于广灭灵在土壤中的残效期长、专一选择性强，对邻近敏感植物和后茬作物易造成药害。

16. 复配剂

为了节省生产者混用除草剂的繁琐问题，目前很多农药厂直接生产各种各样的复配剂及其剂型。其中，北方地区常用的传统复配剂种类有以下几类。

稻田常用的复配剂类型：

（1）丁草胺＋扑草净混剂。商品名：秧草灵。常用于水稻旱育秧、盘育秧。

（2）苄嘧磺隆（农得时）＋丁草胺。商品名：丁苄。常用于稻田土壤封闭。

（3）苄嘧磺隆（农得时）＋苯噻酰草胺。商品名：苯苄。常用于稻田土壤封闭。

（4）吡嘧磺隆（草克星）＋丁草胺。商品名：丁吡。常用于稻田土壤封闭。

（5）吡嘧磺隆（草克星）＋苯噻酰草胺。商品名：苯吡。常用于稻田土壤封闭。

（6）噁草酮＋丁草胺。常用于稻田土壤封闭。

（7）苯达松＋二甲四氯。商品名称：黑李逵。常用于稻田中后期茎叶处理。由于该复配剂含有激素类除草剂2甲4氯，使用适期为水稻幼穗分化前，避免药害出现。

玉米地常用的复配剂类型：

（1）莠去津（阿特拉津）＋乙草胺。商品名：阿乙。常用于玉米地土壤封闭。

（2）莠去津（阿特拉津）＋乙草胺＋2,4-滴丁酯。常用于玉米地土壤封闭。

（3）莠去津（阿特拉津）＋异丙甲草胺（都尔）。玉米地土壤封闭。

（4）嗪草酮（赛克津）＋乙草胺。常用于玉米地、大豆地土壤封闭。

大豆地常用的复配剂类型：

（1）广灭灵＋乙草胺。常用大豆地土壤封闭。

（2）豆磺隆＋乙草胺。常用大豆地土壤封闭。

（3）咪唑乙烟酸＋乙草胺。常用大豆地土壤封闭。

（4）嗪草酮（赛克津）＋乙草胺。常用于玉米地、大豆地土壤封闭。

（5）苯达松＋盖草能。常用于大豆地中后期茎叶处理。

（6）精喹禾灵＋氟磺胺草醚（虎威）水剂。茎叶处理。

17. 除草剂混用注意点

除草剂与杀虫、杀菌、生长调节剂之间以及除草剂之间不能只考虑杀草谱互补性混用。如乙酰乳酸合成酶抑制剂类（磺酰脲类除草剂等）与乙酰辅酶 A 羧化酶抑制剂（芳氧苯氧基丙酸类除草剂等）具有完美的杀草互补性，混用时理论上扩大杀草谱，但实际同时混用会降低两种除草剂的除草效果，即表现出除草剂的拮抗作用。

依据除草剂的毒性原理和环境因子对除草剂药效药害影响，可以概括地提出，凡是多种农药混用时，由于某一种农药先发挥毒性而引起的杂草个体不正常的生理代谢，会导致阻碍吸收、传导以及体内代谢另一种除草剂的正常作用，结果引起除草剂与农药、除草剂与除草剂之间的拮抗作用。

另外，对相互之间存在拮抗作用，但具有完美的杀草谱互补性除草剂之间，可以采用不同时期处理的体系处理，达到扩大杀草谱的目的。

18. 国外常用的除草剂复配剂

附表 1　除草剂作用机理分类

除草剂作用机理	组别	除草剂作用机理	组别
乙酰辅酶 A 羧化酶抑制剂	A	二氢叶酸合成酶抑制剂	I
乙酰乳酸合成酶抑制剂	B	有丝分裂抑制剂	K1,K2,K3
光系统 II 抑制剂	C1，C2，C3	纤维素抑制剂	L
光系统 I 抑制剂	D	氧化磷酸化非耦合	M
原卟啉原氧化酶抑制剂	E	脂肪酸和脂质生物合成抑制剂	N
类胡萝卜素生成物抑制剂	F1，F2，F3	人工合成植物生长素	O
兴奋性突触后电位合酶抑制剂	G	生长素运输抑制剂	P
谷氨酰胺合成酶抑制剂	H	潜在核酶抑制剂或行动不良方式	Z
		未归类	NC

附表 2　针对稻田抗药性杂草国外研发的稻田除草剂复配剂配方

除草剂混配组合与剂型	作用机理
噁唑酰草胺 EC	A
噁唑酰草胺 ME	A
环苯草酮 EC	A
精噁唑禾草灵 EC	A
氰氟草酯 EC	A
氰氟草酯、吡草醚 UG	A＋B
氰氟草酯、敌稗 EC	A＋C2
氰氟草酯、Pyribenzoxim EC	A＋C2
氰氟草酯、唑吡嘧磺隆、丙草胺 GR	A＋B＋K3
氰氟草酯、唑吡嘧磺隆、丙草胺 SE	A＋B＋K3
氰氟草酯、二甲戊乐灵 EC	A＋K1

（续）

除草剂混配组合与剂型	作用机理
Pyribenzoxim EC	B
五氟磺草胺 GR	B
五氟磺草胺 SC	B
五氟磺草胺、吡草醚 GR	B+B
五氟磺草胺、吡草醚 WG	B+B
五氟磺草胺、禾草丹 GR	B+N
吡草醚 GR	B
吡草醚、嘧草醚 GG	B+B
吡草醚、嘧草醚 GR	B+B
吡草醚、嘧草醚 WG	B+B
吡草醚、环酯草醚 GR	B+B
吡草醚、禾草丹 GR	B+N
双草醚 SL	B
四唑嘧磺隆、五氟磺草胺 GR	B+B
四唑嘧磺隆、五氟磺草胺 WG	B+B
四唑嘧磺隆、五氟磺草胺 WP	B+B
四唑嘧磺隆、五氟磺草胺、西草净 GR	B+B+C1
四唑嘧磺隆、嘧草醚 GG	B+B
四唑嘧磺隆、嘧草醚 GR	B+B
四唑嘧磺隆、嘧草醚 WG	B+B
四唑嘧磺隆、氟吡磺隆 GR	B+B
四唑嘧磺隆、唑酮草酯 GR	B+E
四唑嘧磺隆、唑酮草酯、噁唑酰草胺 GR	B+E+A
四唑嘧磺隆、唑酮草酯、五氟磺草胺 GR	B+E+B
四唑嘧磺隆、唑酮草酯、氟吡磺隆 GR	B+E+B
四唑嘧磺隆、唑酮草酯、嘧草醚 GR	B+E+B

（续）

除草剂混配组合与剂型	作用机理
四唑嘧磺隆、唑酮草酯、嘧草醚 UG	B＋E＋B
四唑嘧磺隆、双环磺草酮 WG	B＋F2
四唑嘧磺隆、双环磺草酮、噁唑酰草胺 GR	B＋F2＋A
四唑嘧磺隆、双环磺草酮、五氟磺草胺 DT	B＋F2＋B
四唑嘧磺隆、双环磺草酮、五氟磺草胺 GR	B＋F2＋B
四唑嘧磺隆、双环磺草酮、嘧草醚 GR	B＋F2＋B
四唑嘧磺隆、唑草胺 WG	B＋K3
四唑嘧磺隆、禾草丹 GR	B＋N
四唑嘧磺隆、溴丁酰草胺、五氟磺草胺 GR	B＋Z＋B
四唑嘧磺隆、溴丁酰草胺、嘧草醚 GG	B＋Z＋B
苄嘧磺隆、五氟磺草胺 SC	B＋B
苄嘧黄隆、嘧草醚 GR	B＋B
苄嘧磺隆、嘧草醚 SC	B＋B
苄嘧磺隆、唑酮草酯、噁唑酰草胺 GR	B＋E＋A
苄嘧磺隆、唑酮草酯、五氟磺草胺 GG	B＋E＋B
苄嘧磺隆、唑酮草酯、禾草丹 GR	B＋E＋N
苄嘧磺隆、硝磺草酮、五氟磺草胺 GR	B＋F2＋B
苄嘧磺隆、硝磺草酮、丙草胺、环酯草醚 GR	B＋F2＋K3＋B
苄嘧磺隆、双环磺草酮、五氟磺草胺 GG	B＋F2＋B
苄嘧磺隆、双环磺草酮、五氟磺草胺 SC	B＋F2＋B
苄嘧磺隆、双环磺草酮、四唑酰草胺 GR	B＋F2＋K3
苄嘧磺隆、双环磺草酮、四唑酰草胺 SC	B＋F2＋K3
苄嘧磺隆、双环磺草酮、苯噻酰草胺 SC	B＋F2＋K3
苄嘧磺隆、苯噻酰草胺 GR	B＋K3
苄嘧磺隆、苯噻酰草胺 SC	B＋K3
苄嘧磺隆、丙草胺、环酯草醚 SC	B＋K3＋B

（续）

除草剂混配组合与剂型	作用机理
苄嘧磺隆、苯噻酰草胺、丙炔噁草酮 SC	B+K3+E
苄嘧磺隆、苯噻酰草胺、丙草胺 SE	B+K3+K3
苄嘧黄隆、苯噻酰草胺、禾草丹 GR	B+K3+N
苄嘧磺隆、丁草胺 GR	B+K3
苄嘧磺隆、四唑酰草胺 SC	B+K3
苄嘧磺隆、四唑酰草胺、硝磺草酮 GR	B+K3+F2
苄嘧磺隆、禾草丹 GR	B+N
苄嘧黄隆、稗草丹 SC	B+Z
苄嘧磺隆、茚草酮 SC	B+Z
苄嘧磺隆、杀草隆、苯噻草胺 GR	Z+Z+K3
苄嘧磺隆、溴丁酰草胺、苯噻酰草胺 SC	B+Z+K3
氯吡磺隆 GR	B
氯吡磺隆、嘧草醚 DT	B+B
氯吡磺隆、嘧草醚 GG	B+B
氯吡磺隆、硝磺草酮、五氟磺草胺 GR	B+F2+B
氯吡磺隆、苯噻酰草胺 GG	B+K3
氯吡磺隆、苯噻酰草胺 GR	B+K3
氯吡磺隆、苯噻酰草胺 SC	B+K3
氯吡磺隆、苯噻酰草胺、嘧草醚	B+K3+B
氯吡磺隆、苯噻酰草胺、禾草丹 GR	B+K3+N
氯吡磺隆、丙草胺、嘧草醚 GR	B+K3+B
氯吡磺隆、2 甲 4 氯、嘧草醚	B+O+B
氯吡磺隆、噁嗪草酮 DT	B+Z
氯吡磺隆、噁嗪草酮 GR	B+Z
氯吡磺隆、噁嗪草酮 WG	B+Z
氟吡磺隆 WG	B

（续）

除草剂混配组合与剂型	作用机理
氟吡磺隆 GR	E+B
氟吡磺隆、吡草醚 WG	B+B
氟吡嘧磺隆 DT	B
氟吡嘧磺隆 WP	B
氟吡嘧磺隆、吡草醚 GR	B+B
氟吡嘧磺隆、丙草胺 GR	B+K3
环丙嘧磺隆、嘧草醚 DT	B+E
环丙嘧磺隆、嘧草醚 GR	B+E
环丙嘧磺隆、五氟磺草胺 SC	B+B
环丙嘧磺隆、苯噻酰草胺 SC	B+B
环丙嘧磺隆、苯噻酰草胺 GR	B+K3
环丙嘧磺隆、四唑酰草胺 SC	B+K3
唑吡嘧磺隆、五氟磺草胺 SC	B+B
唑吡嘧磺隆、嘧草醚 GR	B+B
唑吡嘧磺隆、嘧草醚 GG	B+B
唑吡嘧磺隆、嘧草醚 SC	B+B
唑吡嘧磺隆、禾草丹 GR	B+K3
唑吡嘧磺隆、苯噻酰草胺、禾草丹 GR	B+K3+N
唑吡嘧磺隆、噁嗪草酮 WG	B+Z
唑吡嘧磺隆、茚草酮 SC	B+Z
唑吡嘧磺隆、吡唑特、西草净 GR	B+F2+C1
嗪吡嘧磺隆 DT	B
嗪吡嘧磺隆 GR	B
嗪吡嘧磺隆 SC	B
嗪吡嘧磺隆 WG	B
嘧苯胺磺隆、丙草胺 GR	B+K3

（续）

除草剂混配组合与剂型	作用机理
灭藻醌 GR	C
异戊乙净、嗪吡嘧磺隆、GR	C1＋B
异戊乙净、五氟磺草胺、吡草醚 GR	C1＋B＋B
异戊乙净、吡草醚、嘧草醚 GR	C1＋B＋B
异戊乙净、吡草醚、禾草丹 GR	C1＋B＋N
异戊乙净、氯吡嘧磺隆、五氟磺草胺 GR	C1＋B＋B
异戊乙净、氯吡嘧磺隆、嘧草醚 GR	C1＋B＋B
异戊乙净、苯噻酰草胺、吡草醚 GR	C1＋K3＋B
异戊乙净、戊草丹、吡草醚 GR	C1＋N＋B
氰硫草定 GR	C1＋B＋N
灭草松 SL	C3
Bentazone-sodium、精恶唑禾草灵 ME	C3＋A
双草醚、精恶唑禾草灵 ME	C3＋A
灭草松、恶唑酰草胺 ME	C3＋A
灭草松、氰氟草酯 ME	C3＋A
灭草松、五氟磺草胺 SC	C3＋B
灭草松、精 2 甲 4 氯丙酸 SL	C3＋O
灭草松、2 甲 4 氯丁酸 ME	C3＋O
灭草松、2 甲 4 氯 GR	C3＋O
灭草松、2 甲 4 氯 SL	C3＋O
丙炔恶草酮 EC	E
恶草灵 EC	E
恶草灵、二甲戊乐灵 EC	E＋K1
恶草灵、丙草胺 EW	E＋K3
唑酮草酯、五氟磺草胺 GR	E＋B
唑酮草酯、五氟磺草胺、嘧草醚 GR	E＋B

（续）

除草剂混配组合与剂型	作用机理
唑酮草酯、吡草醚、嘧草醚 GR	E＋B＋B
唑酮草酯、吡草醚、禾草丹 GR	E＋B＋N
唑酮草酯、氟吡磺隆、唑吡嘧磺隆 GR	E＋B＋B
唑酮草酯、氯吡嘧磺隆、嘧草醚 GR	E＋B＋B
唑酮草酯、唑吡嘧磺隆、五氟磺草胺 GR	E＋B＋B
唑酮草酯、唑吡嘧磺隆、嘧草醚 DT	E＋B＋B
唑酮草酯、唑吡嘧磺隆、嘧草醚 GR	E＋B＋B
唑酮草酯、唑吡嘧磺隆、苯噻酰草胺 GR	E＋B＋K3
唑酮草酯、环丙嘧磺隆、苯噻酰草胺 GR	E＋B＋K3
唑酮草酯、环丙嘧磺隆、苯噻酰草胺 SE	E＋B＋K3
唑酮草酯、环丙嘧磺隆、四唑酰草胺 GR	E＋B＋K3
唑酮草酯、环丙嘧磺隆、嘧草醚 GR	E＋B＋B
唑酮草酯、环丙嘧磺隆、环酯草醚 GR	E＋B＋B
唑酮草酯、噁唑酰草胺、吡草醚 GR	E＋A＋B
唑酮草酯、苯噻酰草胺、吡草醚 GR	E＋K3＋B
唑酮草酯、四唑酰草胺、吡草醚 UG	E＋K3＋B
唑酮草酯、禾草丹 GR	E＋N
环戊噁草酮 EC	E
环戊噁草酮 SC	E
环戊噁草酮、丙草胺 SE	E＋K3
治草醚、二甲戊乐灵 EC	E＋K1
吡唑特 SC	F2
吡唑特、吡草醚、西草净 GR	F2＋B＋C1
吡唑特、禾草丹 GR	F2＋N
双环磺草酮 SC	B
双环磺草酮、Pyrimisulfan GR	F2＋B

（续）

除草剂混配组合与剂型	作用机理
双环磺草酮、噁唑酰草胺、吡草醚 GR	F2＋A＋B
双环磺草酮、丙嗪嘧磺隆 GR	F2＋B
双环磺草酮、丙嗪嘧磺隆 SC	F2＋B
双环磺草酮、五氟磺草胺 DT	F2＋B
双环磺草酮、五氟磺草胺 SC	F2＋B
双环磺草酮、五氟磺草胺、吡草醚 DT	F2＋B＋B
双环磺草酮、五氟磺草胺、吡草醚 GR	F2＋＋B＋B
双环磺草酮、五氟磺草胺、吡草醚 SC	F2＋B＋B
双环磺草酮、五氟磺草胺、丙草胺 SE	F2＋B＋K3
双环磺草酮、五氟磺草胺、丙草胺 SC	F2＋B＋K3
双环磺草酮、五氟磺草胺、吡唑特 GR	F2＋B＋F2
双环磺草酮、吡草醚、嘧草醚 GG	F2＋B＋B
双环磺草酮、吡草醚、嘧草醚 SC	F2＋B＋B
双环磺草酮、吡草醚、嘧草醚 WG	F2＋B＋B
双环磺草酮、唑吡嘧磺隆、五氟磺草胺 DT	F2＋B＋B
双环磺草酮、唑吡嘧磺隆、五氟磺草胺 SC	F2＋B＋B
双环磺草酮、唑吡嘧磺隆、五氟磺草胺 SE	F2＋B＋B
双环磺草酮、唑吡嘧磺隆、嘧草醚 SC	F2＋B＋B
双环磺草酮、唑吡嘧磺隆、噁唑酰草胺 SC	F2＋B＋A
双环磺草酮、唑吡嘧磺隆、苯噻酰草胺 SC	F2＋B＋K3
双环磺草酮、氟吡磺隆 DT	F2＋B
双环磺草酮、氟吡磺隆、氯吡嘧磺隆 DT	F2＋B＋B
双环磺草酮、氟吡磺隆、吡草醚 GR	F2＋B＋B
双环磺草酮、氯吡嘧磺隆、嘧草醚 WG	F2＋B＋B
双环磺草酮、环丙嘧磺隆、嘧草醚 GG	F2＋B＋B
双环磺草酮、环丙嘧磺隆、氟吡磺隆 GG	F2＋B＋B

（续）

除草剂混配组合与剂型	作用机理
双环磺草酮、环丙嘧磺隆、四唑酰草胺 SC	F2＋B＋K3
双环磺草酮、嘧苯胺磺隆、五氟磺草胺 GR	F2＋B＋B
双环磺草酮、双醚氯吡嘧磺隆 DT	F2＋B
双环磺草酮、唑酮草酯、五氟磺草胺 GR	F2＋E＋B
双环磺草酮、唑酮草酯、氟吡磺隆 GR	F2＋E＋B
双环磺草酮、二甲戊乐灵 SE	F2＋K1
双环磺草酮、丙草胺 SE	F2＋K3
双环磺草酮、四唑酰草胺 SC	F2＋K3
双环磺草酮、四唑酰草胺、五氟磺草胺 DT	F2＋K3＋B
双环磺草酮、四唑酰草胺、五氟磺草胺 SC	F2＋K3＋B
双环磺草酮、四唑酰草胺、吡草醚 UG	F2＋K3＋B
双环磺草酮、四唑酰草胺、唑吡嘧磺隆 GR	F2＋K3＋B
双环磺草酮、四唑酰草胺、唑吡嘧磺隆 SC	F2＋K3＋B
双环磺草酮、苯噻酰草胺、五氟磺草胺 SC	F2＋K3＋B
双环磺草酮、苯噻酰草胺、吡草醚 SC	F2＋K3＋B
双环磺草酮、唑草胺、吡草醚 GR	F2＋K3＋B
双环磺草酮、禾草丹 SE	F2＋N
双环磺草酮、噁嗪草酮 SC	F2＋Z
硝磺草酮、嗪吡嘧磺隆 GR	F2＋B
硝磺草酮、五氟磺草胺、丙草胺 GR	F2＋B＋K3
硝磺草酮、丙草胺 GR	F2＋K3
广灭灵、环戊噁草酮 EC	F3＋E
广灭灵、丙草胺 EC	F3＋K3
二甲戊乐灵 GR	K1
二甲戊乐灵、敌稗 EC	K1＋C2
二甲戊乐灵、丙草胺 EC	K1＋K3

（续）

除草剂混配组合与剂型	作用机理
丁草胺、环丙嘧磺隆 GR	K3＋B
丁草胺、乙氧嘧磺隆 GR	K3＋B
丁草胺、唑酮草酯 GR	K3＋E
丁草胺、吡草醚 GR	K3＋B
丙草胺 EC	K3
丙草胺 EW	K3
丙草胺 GR	K3
唑草胺、五氟磺草胺 GR	K3＋B
唑草胺、吡草醚 GR	K3＋B
唑草胺、唑吡嘧磺隆 GR	K3＋B
苯噻酰草胺、Pyrimisulfan GR	K3＋B
苯噻酰草胺、Pyrimisulfan SC	K3＋B
苯噻酰草胺、Pyrimisulfan UG	K3＋B
苯噻酰草胺、五氟磺草胺 SC	K3＋B
苯噻酰草胺、吡草醚 GR	K3＋B
苯噻酰草胺、吡草醚、禾草丹 GR	K3＋B＋N
四唑酰草胺 EC	K3
四唑酰草胺、Pyrimisulfan SC	K3＋B
四唑酰草胺、吡草醚 WG	K3＋B
四唑酰草胺、唑吡嘧磺隆 SC	K3＋B
四唑酰草胺、西草净 EC	K3＋C1
四唑酰草胺、丙炔噁草酮 EC	K3＋E
四唑酰草胺、噁草灵 EC	K3＋E
丙草胺、西草净 EC	K3＋C1
禾草丹 GR	N
戊草丹、吡草醚 GR	N＋B

（续）

除草剂混配组合与剂型	作用机理
呋草黄、苄嘧磺隆 GR	N+B
呋草磺、苄嘧磺隆、四唑酰草胺 GR	N+B+K3
呋草磺、环丙嘧磺隆、四唑酰草胺 GR	N+B+K3
呋草磺、唑吡嘧磺隆、苯噻酰草胺 GR	N+B+K3
呋草磺、氯吡嘧磺隆、茚草酮 GR	N+B+Z
呋草磺、治草醚 GR	N+E
呋草磺、双环磺草酮、四唑酰草胺 SE	N+F2+K3
呋草磺、四唑酰草胺、氯吡嘧磺隆 GR	N+K3+B
呋草磺、2 甲 4 氯、五氟磺草胺 GR	N+O+B
2 甲 4 氯 SL	O
2,4-D SL	O
2,4-D 乙酯 WP	O
解草酮、丙草胺 EC	S+K3
噁嗪草酮、五氟磺草胺 GR	Z+B
噁嗪草酮、吡草醚 WG	Z+B
茚草酮、吡草醚 GR	Z+B
溴丁酰草胺、五氟磺草胺 SC	Z+B
溴丁酰草胺、丙嗪嘧磺隆 GR	Z+B
溴丁酰草胺、丙嗪嘧磺隆 SC	Z+B
溴丁酰草胺、唑吡嘧磺隆、噁唑酰草胺 GR	Z+B+A
溴丁酰草胺、唑吡嘧磺隆、噁唑酰草胺 SC	Z+B+A
溴丁酰草胺、唑吡嘧磺隆、五氟磺草胺 GR	Z+B+B
溴丁酰草胺、唑吡嘧磺隆、五氟磺草胺 SC	Z+B+B
溴丁酰草胺、唑吡嘧磺隆、五氟磺草胺 UG	Z+B+B
溴丁酰草胺、唑吡嘧磺隆、嘧草醚 GR	Z+B+B
溴丁酰草胺、唑吡嘧磺隆、嘧草醚 SC	Z+B+B

（续）

除草剂混配组合与剂型	作用机理
溴丁酰草胺、唑吡嘧磺隆、苯噻酰草胺 GR	Z+B+K3
溴丁酰草胺、唑吡嘧磺隆、苯噻酰草胺 SC	Z+B+K3
溴丁酰草胺、唑吡嘧磺隆、苯噻草胺 SC	Z+B+K3
溴丁酰草胺、唑吡嘧磺隆、禾草丹 GR	Z+B+N
溴丁酰草胺、氯吡嘧磺隆、嘧草醚 GG	Z+B+B
溴丁酰草胺、氯吡嘧磺隆、嘧草醚 WG	Z+B+B
溴丁酰草胺、氟吡磺隆、唑吡嘧磺隆 GR	Z+B+B
溴丁酰草胺、吡草醚、嘧草醚 GG	Z+B+B
溴丁酰草胺、吡草醚、嘧草醚 GR	Z+B+B
溴丁酰草胺、丙炔噁草酮 SC	Z+E
溴丁酰草胺、噁草酮 EC	Z+E
溴丁酰草胺、四唑酰草胺、唑吡嘧磺隆 GR	Z+K3+B
溴丁酰草胺、唑草胺、唑吡嘧磺隆 GR	Z+K3+B
溴丁酰草胺、禾草丹 SE	Z+N
溴丁酰草胺、禾草丹 SC	Z+N
杀草隆、唑吡嘧磺隆、苯噻酰草胺 SC	Z+B+K3
杀草隆、唑吡嘧磺隆、噁嗪草酮 SC	Z+B+Z
杀草隆、苯噻酰草胺、吡草醚	Z+K3+B
丁硫克百威、氯吡嘧磺隆、苯噻酰草胺 GR	1+B+K3

附录 2　东北地区农田控制恶性杂草除草剂实用技术

近几年，山区强劳动力的大量外出，玉米、大豆等旱田地的几种恶性杂草快速蔓延，形成主要优势杂草种。其中刺儿菜、问荆、田旋花、大碗花、苘麻、铁苋菜、芦苇、荻等多年生或耐药性杂草成为问题杂草，严重影响玉米、大豆的安全生产。

上述问题杂草多发生地，只靠常规的除草剂种类难以根本消除。因此，采取有计划的有效除草剂处理体系，对症下药。如刺儿菜、问荆、田旋花、大碗花、苘麻、铁苋菜多发生地，计划种植玉米时，选择对玉米苗期安全、对阔叶杂草特效的 2,4-滴丁酯，采用先用乙草胺或莠去津防除禾本科杂草和普通杂草类，等到多年生、耐药性杂草发生，形成成片的初期，茎叶处理方法使用 2,4-滴丁酯，达到有效根除目的。由于 2,4-滴丁酯除草剂是激素类除草剂，使用适期为玉米雄穗分化开始的 5 叶期之前，避免雄穗花粉败育等药害出现。反过来芦苇、荻等禾本科杂草多发生地，计划种植大豆时，选择对大豆安全、对禾本科杂草特效的拿扑净、稳杀得等，或精喹禾灵乳油与氟磺胺草醚混合茎叶处理，达到根治目的。

另外，一些与作物形态、生态及其生理生化特征极其相似的杂草类，很难依靠化学除草剂来防除，需要采取包括农艺措施的综合防除措施。如稻田发生杂草稻，由于和水稻形态、生态及其生理生化特征极其相似，目前无法筛选对水稻安全而对杂草稻有毒性的除草剂种类。因此，寒冷稻区可利用杂草稻种子无休眠特性，秋季对稻田泡水，提高稻田落粒的杂草稻种子含水量，经过冬季冷冻，有效致死越冬种子而达到防除目的。

农田杂草防除应采取综合防除措施，化学控草、物理控草、机械控草以及生物控草措施之间是相辅相成的。要提高除草剂的药效，必须采取适合的耕翻、灌水等农艺措施。如，土壤是杂草种子最主要的贮存库，每平方米耕层中库存几千到几万个杂草种子。有些种子在深埋条件下处于休眠状态，对此除草剂是无效的；如果通过耕翻措施把休眠态种子翻到表层，才能打破休眠，使除草剂药效得到发挥。再比如，稻田早春泡田措施也是一种对水稻生产有益的很好的控草措施，稗草等小粒种子控制率达到50％以上，而且早期泡田，打破休眠效果好，杂草出土较齐，使除草剂的药效增大。

附录3　东北地区特殊经济作物除草技术

目前，只有少数具有高水平化工、生物技术的国家，拥有除草剂的研发能力。一个除草剂的问世需要很多研究经费，特别是目前出台高标准的环境、生物毒性安全评价指标以后，每年正式研发成功并等级使用的新除草剂数量很少。即使研发成功，但绝大多数是针对世界上种植面积大的水稻、玉米、小麦、大豆等少数作物种类，而专门针对种植面积少的特殊经济作物研发的专用型除草剂是没有的（实际上特殊植物类相对于农田作物而言是属于要防除的杂草类）。因此，只能利用不同植物类具有不同耐药性差异和不同除草剂种类具有不同杀草谱特征的原理，在已开发使用的除草剂种类中，筛选对特用植物比较安全的除草剂种类而已。一些对玉米、大豆特种作物安全的专用型高效除草剂，往往对特种植物易产生要害，所以适合特种植物的安全型除草剂对多年生恶性杂草防除效果很差。值得注意的是，如果加大使用剂量，会造成特用植物的药害。

另外，蔬菜类、药用植物类、花卉类等栽培面积较小，农药残留标准较高。因此，可以采用地膜覆盖等物理、机械控草措施。如，地膜覆盖。其中，黑色地膜增温效果稍差于无色地膜，但控草效果远远好于无色地膜。无色地膜控草是利用膜内高温"烫死"萌发出土的杂草，而黑色地膜控草不仅利用膜内高温"烧死"杂草，而且更重要的是遮光"饿死"萌发出土的杂草。试验结果表明，无色地膜覆盖一旦出现膜破通气、杂草拱膜空间增大、作物长大遮阴、连续阴天降温等都会引起膜内降温（一般中午最高温度从52℃降到30℃左右），导致地膜"烫死"杂草效果失效，反而杂草生长越来越茂盛。而黑色地膜即使出现膜内降温现象，但仍然发挥遮光"饿死"作用。

由于地膜覆盖具有增温效果，因此，不适合喜凉植物栽培。适合于黑色地膜覆盖栽培的药用植物特征可以概括为：适合于产品部位是地上部的、球茎类型的、无抽薹习性的、对高温不敏感的植物类；适宜药用植物如地黄、黄芪、桔梗、轮叶党参、五味子、刺五加、刺老芽等。不适合易抽薹降低品质的当归等。另外，桔梗、轮叶党参地膜覆盖试验结果表明，虽然根系总产提高约50%，但有些个体出现根系棵叉增多现象。

1. 马铃薯

常用的对阔叶杂草有效的除草剂有赛克津、扑草净、广灭灵、利谷隆等；对禾本科杂草有效的除草剂有都尔、拉索及芳氧苯氧基羧酸类除草剂、拿扑净等。

(1) 50%捕草净可湿性粉剂1 500～2 000g/hm^2。

(2) 12.5%吡氟氯草灵（盖草能）乳油600～900mL/hm^2。

(3) 35%吡氟禾草灵（稳杀得）乳油750～1 200mL/hm^2。

(4) 48%广灭灵乳油1 500～2 000mL/hm^2。

(5) 20%扑草净5 000g/hm^2。

(6) 50%赛克津3 000g/hm^2。

(7) 50%利谷隆可湿性粉剂1 500～2 000g/hm^2。

(8) 25%噁草酮乳油2 000～2 200mL/hm^2。

(9) 20%乙氧氟草醚乳油1 000～1 100mL/hm^2。

2. 花生田

都尔、拉索、大惠利、拿扑净及芳氧苯氧基羧酸类除草剂、二硝基苯类的氟乐灵、戊乐灵；扑草净等。

(1) 50%捕草净可湿性粉剂1 500～2 000g/hm^2。

(2) 12.5%吡氟氯草灵（盖草能）乳油600～900mL/hm^2。

(3) 35%吡氟禾草灵（稳杀得）乳油750～1 200mL/hm^2。

(4) 25%噁草酮乳油1 500～2 000mL/hm^2。

(5) 20%乙氧氟草醚乳油800～1 000mL/hm^2。

3. 芝麻田

都尔、拉索、大惠利、拿扑净及芳氧苯氧基羧酸类除草剂、二硝基苯类的氟乐灵、戊乐灵等。

（1）50％捕草净可湿性粉剂1 500～2 000g/hm²。

（2）12.5％吡氟氯草灵（盖草能）乳油600～900mL/hm²。

（3）35％吡氟禾草灵（稳杀得）乳油750～1 200mL/hm²。

4. 苏子田

拿扑净、芳氧苯氧基羧酸类除草剂、扑草净。

（1）50％捕草净可湿性粉剂1 500～2 000g/hm²。

（2）12.5％吡氟氯草灵（盖草能）乳油600～900mL/hm²。

（3）35％吡氟禾草灵（稳杀得）乳油750～1 200mL/hm²。

（4）20％扑草净4 000g/hm²。

5. 向日葵田

芳氧苯氧基羧酸类除草剂、拿扑净、二硝基苯类的氟乐灵、戊乐灵。

（1）24％收乐通（烯草酮）乳油2 000～2 500mL/hm²。

（2）12.5％吡氟氯草灵（盖草能）乳油600～900mL/hm²。

（3）35％吡氟禾草灵（稳杀得）乳油750～1 200mL/hm²。

（4）50％捕草净可湿性粉剂1 500～2 000g/hm²。

（5）33％施田补（戊乐灵）3 000mL/hm²。

（6）25％噁草酮乳油3 500～24 500mL/hm²。

另外，利收和都尔使用正常剂量可使向日葵产生药害，但影响不明显。利收施用第4天老叶上药害斑转为棕褐色干枯状，嫩叶展开后也产生药害斑，心叶皱缩，但新生叶生长正常。乙草胺对向日葵药害发展较慢，施药7d后心叶皱缩，叶脉呈抽丝状，叶尖向内抽缩，新叶生长亦无药害影响。

6. 移栽烟草田

移栽前酰胺类除草剂都尔、拉索、大惠利与适量的广灭灵进行土壤封闭处理。茎叶处理剂为芳氧苯氧基羧酸类除草剂、拿扑净。

    （1）50％捕草净可湿性粉剂 1 500～2 000g/hm^2。

    （2）12.5％吡氟氯草灵（盖草能）乳油 600～900mL/hm^2。

    （3）35％吡氟禾草灵（稳杀得）乳油 750～1 200mL/hm^2。

    （4）48％氟乐灵乳油 1 500～2 000mL/hm^2。

    （5）33％除草通（戊乐灵）乳油 2 250～4 500mL/hm^2。

    （6）72％异丙甲草胺（都尔）乳油 1 500～2 250mL/hm^2。

    （7）60％广灭灵 1 500～2 000mL/hm^2。

7. 辣椒、茄子移栽田

移栽前拉索、都尔、大惠利、赛克津、拿扑净、芳氧苯氧基羧酸类除草剂等。

    （1）48％氟乐灵乳油 1 500～2 000mL/hm^2。

    （2）48％地乐胺乳油 2 250～4 500mL/hm^2。

    （3）33％除草通乳油 2 250～4 500mL/hm^2。

    （4）72％异丙甲草胺（都尔）乳油 1 500～2 250mL/hm^2。

    （5）50％萘丙酰草胺（大惠利）可湿性粉剂 1 500～3 000g/hm^2。

    （6）50％捕草净可湿性粉剂 1 500～2 000g/hm^2。

    （7）12.5％吡氟氯草灵（盖草能）乳油 600～900mL/hm^2。

    （8）35％吡氟禾草灵（稳杀得）乳油 750～1 200mL/hm^2。

8. 瓜田（西瓜、香瓜）

播前大惠利、地乐安、拿扑净、芳氧苯氧基羧酸类除草剂灭生性除草剂。

    （1）50％捕草净可湿性粉剂 1 500～2 000g/hm^2。

    （2）12.5％吡氟氯草灵（盖草能）乳油 600～900mL/hm^2。

    （3）35％吡氟禾草灵（稳杀得）乳油 750～1 200mL/hm^2。

9. 黄瓜、菜瓜、面瓜田

土壤处理剂为拉索、大惠利、氟乐灵、戊乐灵、拿扑净、芳氧苯氧基羧酸类除草剂。

（1）50％捕草净可湿性粉剂 1 500～2 000g/hm²。

（2）12.5％吡氟氯草灵（盖草能）乳油 600～900mL/hm²。

（3）35％吡氟禾草灵（稳杀得）乳油 750～1 200mL/hm²。

10. 韭菜田

除芽通、拉索、扑草净、拿扑净、芳氧苯氧基羧酸类除草剂。

（1）33％除草通乳油 1 500～3 000mL/hm²。

（2）20％扑草净 4 000g/hm²。

（3）50％捕草净可湿性粉剂 1 500～2 000g/hm²。

（4）12.5％吡氟氯草灵（盖草能）乳油 600～900mL/hm²。

（5）35％吡氟禾草灵（稳杀得）乳油 750～1 200mL/hm²。

11. 葱和元葱移栽田

宿根播种为戊乐灵、氟乐灵、扑草净；移栽田为氟乐灵、扑草净、利谷隆、拿扑净、芳氧苯氧基羧酸类除草剂。

（1）33％除草通（戊乐灵）乳油 1 500～3 000mL/hm²。

（2）20％扑草净 4 000g/hm²。

（3）48％氟乐灵乳油 1 500～2 000mL/hm²。

（4）50％捕草净可湿性粉剂 1 500～2 000g/hm²。

（5）12.5％吡氟氯草灵（盖草能）乳油 600～900mL/hm²。

（6）35％吡氟禾草灵（稳杀得）乳油 750～1 200mL/hm²。

（7）25％噁草酮乳油 1 000～1 500mL/hm²。

（8）20％乙氧氟草醚乳油 800～1 000mL/hm²。

12. 大蒜田

氟乐灵、戊乐灵、扑草净、利谷隆拿扑净、芳氧苯氧基羧酸类除草剂。

（1）33％除草通乳油 1 500～3 000mL。

（2）20％扑草净 4 000g/hm²。

（3）48％氟乐灵乳油 1 500～2 000mL/hm²。

（4）50％捕草净可湿性粉剂 1 500～2 000g/hm²。

（5）12.5％吡氟氯草灵（盖草能）乳油 600～900mL/hm²。

（6）35％吡氟禾草灵（稳杀得）乳油 750～1 200mL/hm²。

（7）25％噁草酮乳油 1 000～1 500mL/hm²。

（8）20％乙氧氟草醚乳油 800～1 000mL/hm²。

13. 胡萝卜等伞形花科蔬菜

（1）48％氟乐灵乳油 1 500～2 000mL/hm²。

（2）48％地乐胺乳油 3 000mL/hm²。

（3）25％噁草酮乳油 1 125～2 000mL/hm²。

（4）50％捕草净可湿性粉剂 1 500g/hm²。

14. 十字花科蔬菜

（1）33％除草通乳油 2 250～4 500mL/hm²。

（2）60％丁草胺 1 500～2 250mL/hm²。

（3）50％萘丙酰草胺（大惠利）可湿性粉剂 1 500～3 000g/hm²。

（4）20％乙氧氟草醚（果尔）乳油 750～1 500mL/hm²。

15. 园林苗圃

（1）杨、柳苗圃：芽苞开放前为扑草净、丁草胺、拉索、氟乐灵、芳氧苯氧基羧酸类除草剂、拿扑净。

（2）松树苗圃：扑草净、氟乐灵、芳氧苯氧基羧酸类除草剂、拿扑净。

芽苞开放前杂草丛生，一般选用灭生性除草剂定向喷施。多年生杂草多发生时选用草甘膦、一年生杂草为主时选用百草枯。

16. 草坪

禾本科草坪常用的除草剂有：

（1）土壤处理剂：敌草胺、除芽通、草克星等。

（2）茎叶处理剂：2,4-滴丁酯、苯达松、二氯喹啉酸等。

豆科草坪常用的除草剂有：

（1）土壤处理剂：敌草胺、拉索、乙草胺等。

（2）茎叶处理剂：芳氧苯氧基羧酸类除草剂、拿扑净与苯达松。

17. 药用植物

（1）轮叶党参、桔梗

[**苗床地土壤处理**]：敌草胺 1 kg（a.i.）/hm^2、除芽通 1 kg（a.i.）/hm^2 单剂处理或除芽通＋敌草胺 0.8 kg（a.i.）/ hm^2＋0.8 kg（a.i.）/hm^2 与混剂处理。

[**使用效果**]：对一年生小粒种子杂草的防效可达到 70％～80％，药害指标 2 级以下，后期恢复正常。

[**苗床地茎叶处理**]：拿捕净 0.2kg（a.i.）/hm^2 [或精禾草克 0.05 kg（a.i.）/hm^2 或稳杀得 0.3kg（a.i.）/hm^2]。

[**使用效果**]：适宜于禾本科杂草占绝对优势的轮叶党参和桔梗实生苗地杂草防除，茎叶处理、无药害。

[**移栽田土壤处理**]：扑草净 1 kg（a.i.）/hm^2、敌草胺 1.5 kg（a.i.）/hm^2，除芽通 1 kg（a.i.）/hm^2。

[**使用效果**]：对一年生杂草的防效可达到 60％～85％。

[**移栽田茎叶处理**]：拿捕净 0.2～0.3kg（a.i.）/hm^2 或精禾草克 0.05 kg(a.i.)/h m^2 或稳杀得 0.3～0.4kg(a.i.)/hm^2。

[**使用效果**]适宜于禾本科杂草占绝对优势的轮叶党参和桔梗地杂草防除，茎叶处理、无药害。

[**要求事项**]土壤湿度对敌草胺、除芽通药效的发挥有着重要的影响。土壤相对湿度达 50％～80％时施药药效发挥最佳。拿扑净等茎叶处理剂兑水 300 kg（a.i.）/hm^2。

（2）当归

[**苗床地土壤处理**]：扑草净 0.8 kg（a.i.）/hm^2、敌草胺 1 kg（a.i.）/hm^2。

[**使用效果**]：对一年生小粒种子杂草的防效可达到 85％以上，药害指标 1 级以下，后期恢复正常。

[**苗床地茎叶处理**]：拿捕净 0.2kg（a.i.）/hm^2 [或精禾草克 0.05 kg（a.i.）/hm^2 或稳杀得 0.3 kg（a.i.）/hm^2]。

[使用效果]：适宜于禾本科杂草占绝对优势的当归地杂草防除，茎叶处理、无药害。

[移栽田土壤处理]：扑草净 1.2 kg（a. i.）/hm²、敌草胺 1.5kg（a. i.）/hm²。

[使用效果]：对一年生杂草的防效可达到 70%～85%。

[移栽田茎叶处理]：拿捕净 0.2～0.3kg（a. i.）/hm²［或精禾草克 0.05 kg（a. i.）/hm²或稳杀得 0.3～0.4kg（a. i.）/hm²］

[使用效果]：适宜于禾本科杂草占绝对优势的当归地杂草防除，茎叶处理、无药害。

[要求事项]：土壤湿度对敌草胺、扑草净药效的发挥有着重要的影响。土壤相对湿度达 50%～80%时施药药效发挥最佳。拿扑净等茎叶处理剂兑水 300 kg（a. i.）/hm²。

（3）地黄

[土壤处理]：扑草净 0.8～0.1 kg（a. i.）/hm²。

[使用效果]：对一年生杂草的防效可达到 80%左右。

[茎叶处理]：拿捕净 0.2～0.3 kg（a. i.）/hm²［或精禾草克 0.05 kg（a. i.）/hm²或稳杀得 0.3～0.4kg（a. i.）/hm²］

[使用效果]：适宜于禾本科杂草占绝对优势的地黄地杂草防除，无药害。

[要求事项]：土壤湿度对扑草净药效的发挥有着重要的影响。土壤相对湿度达 50%～80%时施药药效发挥最佳。拿扑净等茎叶处理剂兑水 300 kg（a. i.）/hm²。

（4）平贝母

[土壤处理]：敌草胺 1.5kg（a. i.）/hm²，乙草胺 1.2 kg（a. i.）/hm²。

[使用效果]：对一年生杂草的防效可达到 80%左右。

[茎叶处理]：拿捕净 0.2～0.3kg（a. i.）/hm²。

[使用效果]：适宜于禾本科杂草占绝对优势的地黄地杂草防

除，无药害。

［**要求事项**］：土壤湿度对敌草胺、乙草胺药效的发挥有着重要的影响。土壤相对湿度达 50％～80％时施药药效发挥最佳。拿扑净等茎叶处理剂兑水 300 kg（a. i.）/hm²。

18. 草场

根据禾本科草场与豆科植物草场的特点可筛选适合的除草剂。

19. 非耕地

一般采用灭生性除草剂百草枯、草甘膦。药效高、成本低，对多年生杂草丛生地草甘膦灭草效果好于百草枯，如果需要短期内消除杂草则百草枯好于草甘膦。

图书在版编目（CIP）数据

稻田抗药性杂草/吴明根，李延子主编 . —北京：
中国农业出版社，2015.12
　　ISBN 978-7-109-21168-1

　　Ⅰ.①稻…　Ⅱ.①吴…②李…　Ⅲ.①稻田－抗药性
－杂草－研究　Ⅳ.①S451.21

中国版本图书馆 CIP 数据核字（2015）第 279587 号

中国农业出版社出版
（北京市朝阳区麦子店街 18 号楼）
（邮政编码 100125）
责任编辑　张　利
————————————
中国农业出版社印刷厂印刷　　新华书店北京发行所发行
2015 年 12 月第 1 版　　2015 年 12 月北京第 1 次印刷
————————————
开本：880mm×1230mm 1/32　　印张：3.625　　插页：8
字数：95 千字
定价：18.00 元
（凡本版图书出现印刷、装订错误，请向出版社发行部调换）

附录4 吉林省主稻区杂草预警等级地图分析

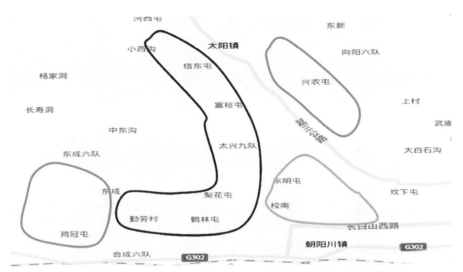

附图1 延吉市主稻区抗药性杂草分布及其灾情预警等级图（以下注释同）

（绿色线圈为安全区：无抗药性杂草灾情；黄色线圈为预警区：抗药性杂草灾情等级1级；
橙色线圈为控防区：抗药性杂草灾情等级2级；红色线圈为重防区：抗药性杂草灾情等级3级）

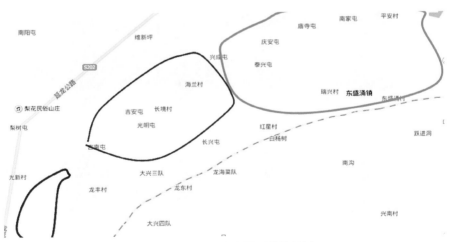

附图2-1 龙井市主稻区抗药性杂草分布及其灾情预警等级图

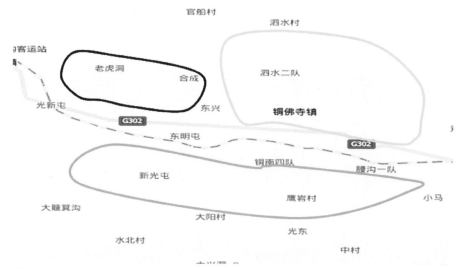

附图 2-2　龙井市主稻区抗药性杂草分布及其灾情预警等级图

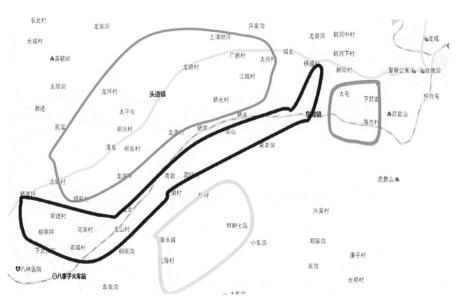

附图 3　和龙市主稻区抗药性杂草分布及其灾情预警等级图

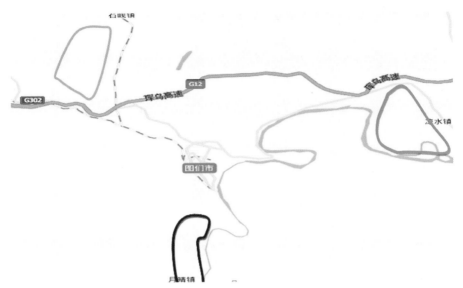

附图4 图们市主稻区抗药性杂草分布及其灾情预警等级图

附图5 珲春市主稻区抗药性杂草分布及其灾情预警等级图

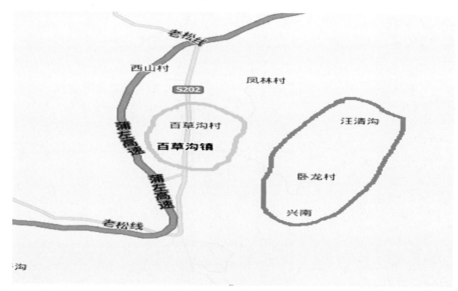

附图6　汪清主稻区抗药性杂草分布及其灾情预警等级图

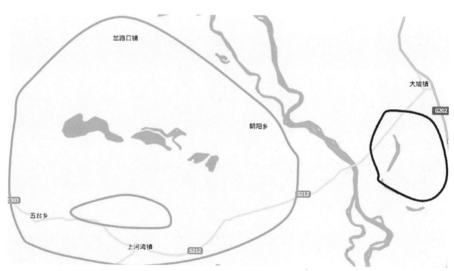

附图7　长春稻区抗药性杂草分布及其灾情预警等级图

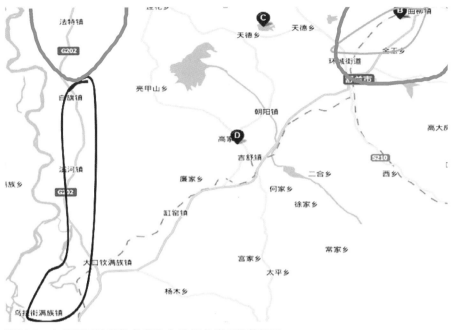

附图8　吉林稻区抗药性杂草分布及其灾情预警等级图

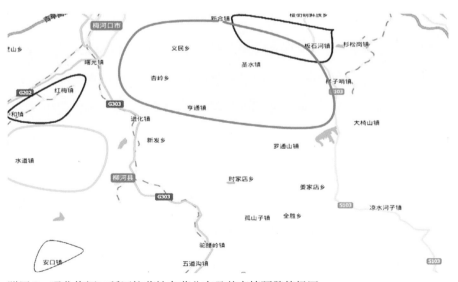

附图9　通化梅河口稻区抗药性杂草分布及其灾情预警等级图

附图 10　松原稻区抗药性杂草分布及其灾情预警等级图

彩图1、彩图2　稻田抗药性慈
　　　　　　　姑发生状况

彩图3、彩图4　稻田抗药性雨
　　　　　　　久花发生状况

彩图5、彩图6　稻田抗药性藨
草发生状况

彩图7、彩图8　稻田抗药性牛
毛毡发生状况

彩图9、彩图10　稻田抗药性稗草发生状况

彩图11、彩图12　延边稻区新的外来入侵杂草——稻李氏禾发生状况

彩图13、彩图14 东北三省稻
田杂草稻发
生状况

彩图15、彩图16 抗药性杂草
灾情及其手
工除草

彩图17、彩图18　抗药性杂草化
　　　　　　　学除草效果

彩图19、彩图20　抗药性杂草
　　　　　　　发生稻田超
　　　　　　　量用药导致
　　　　　　　药害

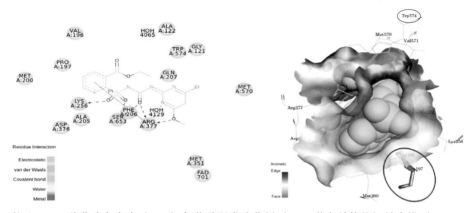

彩图21　乙酰乳酸合成酶（ALS）与黄酰脲类除草剂（US：黄色结构物）结合模型

左图：除草剂氯嘧磺隆与ALS活性反应中心部位的氨基酸残基对接模型

右图：ALS活性反应中心与氯嘧磺隆对接时易诱导ALS抗药性突变的第197位和574位氨基酸残基的位置（红圈内）

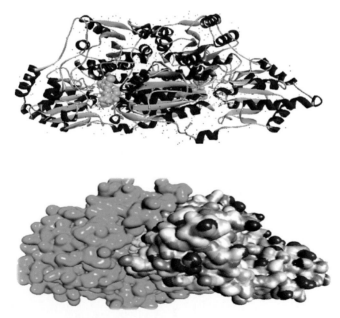

彩图22　除草剂氯嘧磺隆与由两个单体ALS（或亚基）对接形成的二聚体模型

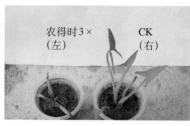

彩图23　盆栽法鉴定慈姑、雨久花抗黄酰脲类除草剂结果

左图：雨久花抗性鉴定（第1、第3排为感性材料，第2、第4排为抗性材料。左第1列为CK，第2列为标量，第3列为3倍标量）

右上图：慈姑抗性鉴定（感性材料在CK和3倍标量处理结果）

右下图：慈姑抗性鉴定（抗性材料在CK和3倍标量处理结果）

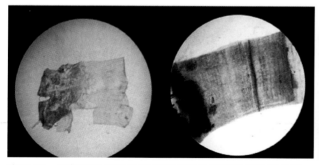
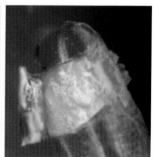

彩图24　40倍实体显微镜下杂草稻与栽培稻种子种皮外观

左图：栽培稻与杂草稻种皮；右图：杂草稻种皮

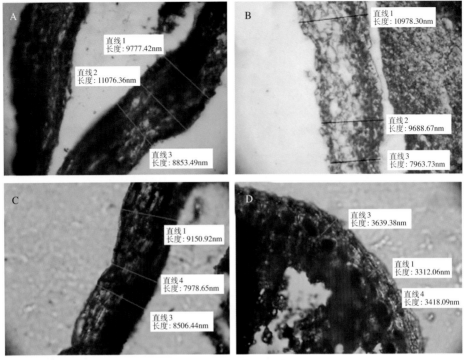

彩图 25　400倍实体显微镜下的种子种皮厚度（横切面）

A 与 B：杂草稻乳熟期、完熟期种皮厚度；C 与 D：栽培稻乳熟期、完熟期种皮厚度

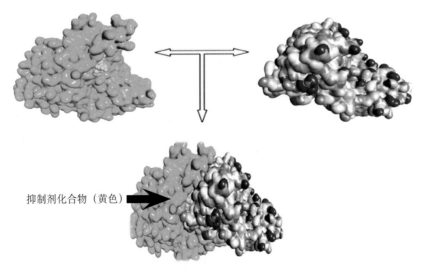

抑制剂化合物（黄色）

彩图 26　抑制剂化合物镶嵌于两个单体ALS（或亚基）对接的二聚体之间

表4 抗、感性慈姑与其他植物ALS氨基酸的多重比较

Arabidopsis thaliana	------MAAATTTTTTSSSISFSTKPS-PSSSKSPLPISRFSLPFSLN---PNKSSSSS-RRRGIKSSSP-SSISAVLNT	68
R（China）	MAAPYATAAAAAAAATATKLPFPSPAGSAAASTVSASSTSLYRPLRRHREFAGRKHPLPVVPMPLKTSALRHHLPVFAAL	80
S（China）	MAAPYATAAAAAAAATATKLPFTSPAGSAAASTVSASSTSLYRPLRRHREFAGRKHPLPVVPMPLKTSALRHHLPVFAAL	80
Sagittaria pygmaea	MAAPYATAAAAAAAATATKLTFPSLAGSAAASTVSASSTSLYLPLRRHREFAGRKHPLPVVPMPLKASALRHHLPVFAAL	80
Sagittaria trifolia	MAAPYATAAAAAAAATATKLPFTSPAGSAAASTVSASSTSLYRPLRRHREFAGRKHPLPVVPMPLKTSALRHHLPVFAAL	80
Amaranthus retroflexus	------MASTSSNPPFSS-FTKPNKIPNLQSSIYAIPFSNSLKPTSSS---SILR-----RPLQISSSSSS-QSP-KPKPP	63
Helianthus annuus	------MAAPP-NPSIS--FKPPSPAAALPPRSAFLPR--FALPITST---TQKR-----HRLHISNVLS-DS----KST	56
Gossypium hirsutum	------MAAATSNSALP---KLSTLTSSFKSS---IPISKSSLPFSTT---PQKPTPY--RSFDVSCSLS-HASSNPRSA	62
Raphanus raphanistrum	--	1

Arabidopsis thaliana	TTNVTTTPSPTKPTKPET---FISRFAPDQPRKGADILVEALERQGVETVFAYPGGASMEIHQALTRSSSIRNVLPRHEQG	146
R	SDSSKPQAAATSTTTTVTERLIRNFGPDEPRKGADILVEALEREGVKDVFAYPGGASMEIHQALTRSPSIVNHLFRHEQG	160
S	SDSSKPQAAATSTTTTVTERLIRNFGPDEPRKGADILVEALEREGVKDVFAYPGGASMEIHQALTRSPSIVNHLFRHEQG	160
Sagittaria pygmaea	SDSPKPQAAATSTTTT1TERLIRNFGPDEPRKGADILVEALEREGVKDVFAYPGGASMEIHQALTRSPSIVNHLFRHEQG	160
Sagittaria trifolia	SDSSKPQAAATSTTTTVTERLIRNFGPDEPRKGADILVEALEREGVKDVFAYPGGASMEIHQALTRSPSIVNHLFRHEQG	160
Amaranthus retroflexus	SATITQSPSSLTDDKPSS---FVSRFSPEEPRKGCDVLVEALEREGVTDVFAYPGGASMEIHQALTRSNTIRNVLPRHEQG	141
Helianthus annuus	TTTTTTQPP----LQAQP--FVSRYAPDQPRKGADVLVEALEREGVTDVFAYPGGASMEIHQALTRSNTIRNVLPRHEQG	130
Gossypium hirsutum	AASVTQKTAP-----PHY---FISRYAPDEPRKGADILVEALERQGVETVFAYPGGASMEIHQALTRSKIIRNVLPRHEQG	135
Raphanus raphanistrum	-----------------T---FVSRYAPDEPRKGADILVEALERQGVETVFAYPGGASMEIHQALTRSSTIRNVLPRHEQG	61

Raphanus raphanistrum	GVFAAEGYARSSGKPGICIATSGPGATNLVSGLADALLDSVPLVAITGQVPRRMIGTDAFQETPIVEVTRSITKHNYLVM	226
R	EIFAAEGYARATGRPGVCIATSGPGATNLVSGLADALLDSTPLVAITGQVPRRMIGTDAFQETPIVEVTRSITKIINYLVL	240
S	EIFAAEGYARATGRPGVCIATSGPGATNLVSGLADALLDSTPLVAITGQVPRRMIGTDAFQETPIVEVTRSITKIINYLVL	240
Sagittaria pygmaea	EIFAAEGYARATGRPGVCIATSGPGATNLVSGLADALLDSTPLVAITGQVPRRMIGTDAFETPIVEVTRSITKIINYLVL	240
Sagittaria trifolia	EIFAAEGYARATGRPGVCIATSGPGATNLVSGLADALLDSTPLVAITGQVPRRMIGTDAFQETPIVEVTRSITKIINYLVL	240
Amaranthus retroflexus	GVFAAEGYARATGRVGVCIATSGPGATNLVSGLADALLDSVPLVAITGQVPRRMIGTDAFQETPIVEVTRSITKIINYLVL	221
Helianthus annuus	GVFAAEGYARASGLPGVCIATSGPGATNLVSGLADALLDSVPMVAITGQVPRRMIGTDAFQETPIVEVTRSITKIINYLVL	210
Gossypium hirsutum	GVFAAEGYARSSGISGVCIATSGPGATNLVSGLADAMLDSIPLVAITGQVPRRMIGTDAFQETPIVEVTRSITKIINYLVL	215
Raphanus raphanistrum	GVFAAEGYARSSGKPGICIATSGPGATNLVSGLADAMLDSVPLVAITGQVPRRMIGTDAFQETPIVEVTRSITKIINYLVM	141

Raphanus raphanistrum	DVEDIPRIIEEAFFLATSGRPGPVLVDVPKDIQQQLAIPNWEQAMRLPGYMSRMPKPPE----DSHLEQIVRLISESKKP	302
R	SVDDIPRIVHEAFYLATSGRPGPVLIDIPKDIQQQLAIPEWRTTMKLHGYMSRLPKPPQ---QSQLEQIVRLLLESRKP	316
S	SVDDIPRIVHEAFYLATSGRPGPVLIDIPKDIQQQLAIPEWRTTMKLHGYMSRLPKPPQ---QSQLEQIVRLLLESRKP	316
Sagittaria pygmaea	SVDDIPRIVHEAFYLATSGRPGPVLIDIPKDIQQQLAIPEWRTTMKLHGYMSRLPKPPQ---QSHLEQIVRLLLESRKP	316
Sagittaria trifolia	SVDDIPRIVHEAFYLATSGRPGPVLIDIPKDIQQQLAIPEWRTTMKLHGYMSRLPKPPQ---QSQLEQIVRLLLESRKP	316
Amaranthus retroflexus	DVEDIPRIVKEAFFLANSGRPGPVLIDIPKDIQQQLVVPNWEQPIKLGGYLSRLPKPTYSANEEGLLDQIVRLVGESKRP	301
Helianthus annuus	DVEDIPRIVREAFYLASSGRPGPVLIDIPKDIQQQLVVPKWDEPMRLPGYLSRMPKPQY---DGHLEQIVRLVGEAKRP	286
Gossypium hirsutum	DVDDIPRIVSEAFFLASSGRPGPVLIDIPKDIQQQLAVPKWNHSLRLPGYLSRLPKAPA----EAHLEQIVRLVSESKKP	291
Raphanus raphanistrum	DVDDIPRIVQEAFFLATSGRPGPVLVDVPKDIQQQLAIPNWDQPMRLPGYMSRLPQPPE----VSQLRQIVRLISESKRP	217

Raphanus raphanistrum	VLVYGGGGCLNSSDELGRFVELTGIPVASTLMGLGSYPCDDELSLHMLGMHGTVYANYAVEHSDLLLAFGVRFDDRVTGKL	382
R	VLYTGGGSLNASDELRRFVELAGVPVASTLMGLGSFPTSSDLSLKMLGMHGTVYANYAVEHSDLLLAFGVRFDDRVTGKL	396
S	VLYTGGGSLNASDELRRFVELTGVPVASTLMGLGSFPTSSDLSLKMLGMHGTVYANYAVEHSDLLLAFGVRFDDRVTGKL	396
Sagittaria pygmaea	VLYAGGGSLNASDELRRFVELTGVPVASTLMGLGSFPTTSDLSLKMLGMHGTVYANYAVEHSDLLLAFGVRFDDRVTGKL	396
Sagittaria trifolia	VLYTGGGSLNASDELRRFVELTGVPVASTLMGLGSFPTSSDLSLKMLGMHGTVYANYAVEHSDLLLAFGVRFDDRVTGKL	396
Amaranthus retroflexus	VLYTGGGCLNSSEELRRFVELTGIPVASTLMGLGAFPCTDDLSLHMLGMHGTVYANYAVDKADLLLAFGVRFDDRVTGKL	381
Helianthus annuus	VLVYGGGGCLNSDDELRRFVELTGIPVASTLMGLGAYPASSDLSLHMLGMHGTVYANYAVDKSDLLLAFGVRFDDRVTGKL	366
Gossypium hirsutum	VLVYGGGGCLNSSEELKRFVELTGIPVASTLMGLGAFPISDELSLQMLGMHGTVYANYAVDKSDLLLAFGVRFDDRVTGKL	371
Raphanus raphanistrum	VLVYGGGGSLNSSEELGRFVELTGIPVASTLMGLGSYPCNDELSLQMLGMHGTVYANYSVEHSDLLLAFGVRFDDRVTGKL	297

Raphanus raphanistrum	EAFASRAKIVHIDIDSAEIGKNKTPHVSVCGDVKLALQGMNKVLENRAEELKLDFGVWRNELNVQKQKFPLSFKTFGEAI	462
R	EAFASRAKIVHIDIDPAEIGKNKQPHVSICGDLKLALEGINELLEETKIHEQLDFSSWRGELDEQKRKFPLSYKKFGDAI	476
S	EAFASRAKIVHIDIDPAEIGKNKQPHVSICGDLKLALEGINELLEETKIHEQLDFSSWRGELDEQKRKFPLSYKKFGDAI	476
Sagittaria pygmaea	EAFASRAKIVHIDIDPAEIGKNKQPHVSICGDLKPALEGINELLEETKIHEQLDFSSWRGELDEQKRKFPLSYKKFGDAI	476
Sagittaria trifolia	EAFASRAKIVHIDIDPAEIGKNKQPHVSICGDLKLALEGINELLEETKIHEQLDFSSWRGELDEQKRKFPLSYKKFGDAI	476
Amaranthus retroflexus	EAFASRAKIVHIDIDSAEIGKNKQPHVSICGDVKVALQGLNKILESRKGKVKLDFSNWREELNEQKKKFPLSFKTFGDAI	461
Helianthus annuus	EAFASRAKIVHIDIDSAEIGKNKQPHVSICGDIKVALQGLNKILEEKNSVTNLDFSNWRKELDEQKVKFPLSFKTFGEAI	446
Gossypium hirsutum	EAFASRAKIVHIDIDSAEIGKNKQPHMSVCSDVKLALQGINKILETTGAKLNLDYSEWRQELNEQKLKFPLSYKTFGEAI	451
Raphanus raphanistrum	EAFASRAKIVHIDIDSAEIGKNKTPHVSVCGDVKLALQGMNEILENRAEELKLDFGVWRSELSEQKQKFPLSFKTFGEAI	377

Raphanus raphanistrum	PPQYAIKVLDELTDGKAIISTGVGQHQMWAAQFYNYKKPRQWLSSGGLGAMGFGLPAAIGASVANPDAIVVDIDGDGSFI	542
R	PPQYAIHVLDELTNGEAVISTGVGQHQMWAAQWYSYKKPRNWLSSAGLGAMGFGLPAAAGAAVGRPESIVVDIDGDGSFL	556
S	PPQYAIHVLDELTNGEAVISTGVGQHQMWAAQWYSYKKPRNWLSSAGLGAMGFGLPAAAGAAVGRPESIVVDIDGDGSFL	556
Sagittaria pygmaea	PPQYAIHVLDELTNGEAVISTGVGQHQMWAAQWYSYKKPRNWLSSAGLGAMGFGLPAAAGAAVGRPESIVVDIDGDGSFL	556
Sagittaria trifolia	PPQYAIHVLDELTNGEAVISTGVGQHQMWAAQWYSYKKPRNWLSSAGLGAMGFGLPAAAGAAVGRPESIVVDIDGDGSFL	556
Amaranthus retroflexus	PPQYAIQVLDELTKGDAVVSTGVGQHQMWAAQFYKYRNPRQWLTSGGLGAMGFGLPAAIGAAVARPDAVVVDIDGDGSFI	541
Helianthus annuus	PPQYAIQVLDELTGGNAIISTGVGQHQMWAAQFYKYNKPRQWLTSGGLGAMGFGLPAAIGAAVARPDAVVVDIDGDGSFM	526
Gossypium hirsutum	PPQYAIQVLDELTGGNAIISTGVGQHQMWAAQFYKYKKPRQWLTSGGLGAMGFGLPAAIGAAVANPEAVVVDIDGDGSFI	531
Raphanus raphanistrum	PPQYAIQVLDELTDGKAIISTGVGQHQMWAAQFYKYRKPRQWLSSSGLGAMGFGLPAAIGASVANPDAIVVDIDGDGSFI	457

Raphanus raphanistrum	MNVQELATIRVENLPVKVLLLNNQHLGMVMQWEDRFYKANRAHTFLGDPAQEDEIFPNMLLFAAACGIPAARVTKKADLR	622
R	MNIQELAVLRIENLPVKIMVLNNQHLGMVVQWEDRFYHANRAHTYLGDPARESDIYPDLVSIAKGFNIPAARITKIGEVR	636
S	MNIQELAVLRIENLPVKIMVLNNQHLGMVVQWEDRFYHANRAHTYLGDPARESDIYPDLVSIAKGFNIPAARITKIGEVR	636
Sagittaria pygmaea	MNIQELAVLRIENLPVKIMVLNNQHLGMVVQWEDRFYHANRAHTYLGDPARESDIYPDLVTIAKGFNIPAARITKIGEVR	636
Sagittaria trifolia	MNIQELAVLRIENLPVKIMVLNNQHLGMVVQWEDRFYHANRAHTYLGDPARESDIYPDLVSIAKGFNIPAARITKIGEVR	636
Amaranthus retroflexus	MNVQELATIRVENLPVKIMLLNNQHLGMVVQWEDRFYKANRAHTYLGNPSNSSEIFPDMLKFAEACDIPAARVTKVSDLR	621
Helianthus annuus	MNVQELATIRVENLPVKILLLNNQHLGMVVQWEDRFYKANRAHTYLGDPARESEIFPNMLKFAEACGIPAARVTQKADLR	606
Gossypium hirsutum	MNVQELATMRVENLPVKILLLNNQHLGMVVQWEDRFYKANRAHTYLGDPSNESEIFPNMLKFAEACGIPAARVTKKEDLR	611
Raphanus raphanistrum	MNVQELATIRVENLPVKILLLNNQHLGMVMQWEDRFYKANRAHTYLGDPARESEIFPNMLQFAGACGIPAARVTKKEELR	537

Raphanus raphanistrum	EAIQTMLDTPGPYLLDVICPHQEHVLPMIPNGGTFNDVITEGDGRIKY	670
R	AAITKMLETPGPYLLDIIVPHQEHVLPMIPSGGAFKDLIVEGDGRSSY	684
S	AAITKMLETPGPYLLDIIVPHQEHVLPMIPSGGAFKDLIVEGDGRSSY	684
Sagittaria pygmaea	DAITKMLETPGPYLLDIIVPHQEHVLPMIPSGGAFKDLIVEGDGRSSY	684
Sagittaria trifolia	AAITKMLETPGPYLLDIIVPHQEHVLPMIPSGGAFKDLIVEGDGRSSY	684
Amaranthus retroflexus	AAIQTMLDTPGPYLLDVIVPHQEHVLPMIPSGGAAFKDTITEGDGRRAY	669
Helianthus annuus	AAIQKMLDTPGPYLLDVIVPHQEHVLPMIPAGGGFSDVITEGDGRTKY	654
Gossypium hirsutum	AAIQKMLDTPGPYLLDVIVPHQEHVLPMIPSGGAFKDVITEGDGRTQY	659
Raphanus raphanistrum	EAIQTMLDTPGPYLLDVICPHQEHVLPMIPSGGTFKDVITEGDGRTKY	585